高精度非线性浅水波模型的构建及其应用

张瑞瑾　著

中国纺织出版社有限公司

内 容 提 要

求解浅水方程的困难在于对流项的处理。当对流项足够小时，许多数值方案都能给出令人满意的结果，而当对流项起主导作用时，许多现有的数值方案中会出现明显的数值误差。因此，对流项的数值模拟是构建浅水波方程的关键。本书构建了高精度的非线性浅水波模型，并将其应用到非线性浅水波的问题研究中。

图书在版编目（CIP）数据

高精度非线性浅水波模型的构建及其应用 / 张瑞瑾著. -- 北京 : 中国纺织出版社有限公司, 2021.11
ISBN 978-7-5180-8976-5

Ⅰ. ①高… Ⅱ. ①张… Ⅲ. ①浅水波—水力学—线性模型—研究 Ⅳ. ①TV139.2

中国版本图书馆CIP数据核字(2021)第203635号

责任编辑：陈 芳　　责任校对：高 涵　　责任印制：储志伟

中国纺织出版社有限公司出版发行
地址：北京市朝阳区百子湾东里A407号楼　邮政编码：100124
销售电话：010—67004422　传真：010—87155801
http: //www.c-texilep. com
中国纺织出版社天猫旗舰店
官方微博 http://weibo.com/2119887771
三河市延风印装有限公司印刷　　各地新华书店经销
2021年11月第1版第1次印刷
开本：710×1000　1/16　印张：8
字数：136千字　　定价：88.00元

前 言

随着沿海地区人口的增长和发展水平的提高,沿海地区受到越来越多的关注。在沿海地区,波浪(或波浪能量)有两种来源,即来自深水的波浪和当地风作用产生的波浪。当波浪在浅水中传播时,受局部地形的影响较大,可能导致波的方向和形状发生改变,从而导致能量在空间中重新分布。浅水波的运动具有明显的非线性特征,是一个非常复杂的过程。

泥石流或山崩地震可以引起自由地表波或海啸。强烈的地震或暴雨会引起山体滑坡,从而引发泥石流。泥石流产生的自由地表波会对人的生命和财产造成毁灭性的破坏。这类问题已经引起了许多研究者的关注。1963 年,意大利的 Vaiont 大坝发生了滑坡,导致泥石流的产生,由此引发的海啸造成约 2000 人死亡。这些高非线性海洋现象值得研究。

近年来,越来越多的污染物涌入海洋和海湾,导致环境恶化。污染物运移的主要主导机制是物理过程,其中非线性项也起着主导作用。海水的自净能力,不仅取决于受纳污染物水体的体积,更取决于水体的动态,其自净过程则主要依赖于它的环境动力条件。海岸、河口地区最重要的就是潮流。

由于非线性现象十分普遍,浅水波模型有广泛的应用空间。随着计算机技术的飞速发展和其经济、高效的优点,数值模拟已成功地广泛应用于工程问题,到目前为止,它已成为海岸工程研究者必不可少的工具。浅水非线性现象在人类生活中普遍存在,发展浅水非线性波浪模型对研究沿海地区水动力条件具有重要意义。求解浅水方程的困难在于对流项的处理。当对流项足够小时,许多数值方案都能给出令人满意的结果,而当对流项起主导作用时,许多现有的数值方案会产生明显的误差。因此,对流项的数值模拟是构建浅水波方程的关键。本书构建了高精度的非线性浅水波模型,并将其应用到非线性浅水波的问题研究中。感谢国家重点研发项目(2019YFC1407700)和国家自然科学基金(31302232,51779038)对本书的支持。

张瑞瑾

2021 年 3 月

目　录

第一章　求解对流项的高准确和守恒性的数值模型的构建

1.1　导　言

解决浅水方程的困难在于对流项的处理。当对流项足够小时，许多数值方案都可以给出令人满意的结果，而当对流项起主导作用时，许多现有的数值方案都会出现显著的数值误差。因此，对流项的数值模拟是浅水方程数值模拟的关键。许多研究人员研究了方程中对流项的数值处理方法。

日本 Yabe 团队[1-4]提出的原始三次插值方法(Cubic-Interpolated Propagation, CIP)是适合求解对流项的一种方法。CIP 方法方案是一种低数值耗散且稳定的算法，可以在空间中以三阶精度求解双曲方程，并且已成功用于解决各种复杂的流体流动问题。

尽管 CIP 格式不是守恒格式，但是 CIP 方法表现出了很好的守恒性。但对于一些特殊的情况，比如，海洋中污染物输移扩散研究，需要严格的守恒格式。因此，新的守恒的半拉格朗日系列模式 CIP－CLS 发展起来，其代表有 CIP－CSL4[5]，CIP－CLS2[6]-[7]，CIP－CLS3[8]。为了避免计算中的振荡，在 CIP－CSL2 方法中添加了有理函数，分别称为 CIP－CLSR1 [9]和 CIP－CLSR2。该模式基于 CIP 模式的概念，并保留了 CIP 方案出色的数值特性。该模式称为半拉格朗日公式(semi-Lagrangian formulation)，并在大 CFL 情况下也能提供精确的质量守恒的稳定解决方案。由于这些方案不使用三次多项式，而是使用不同阶的多项式，因此这些 CIP 系列模式被定义为约束插值方法(constraint interpolation profiles)，而仍保留 CIP 的缩写。

在本章中，我们采用原始的 CIP 方法、CIP－CSL2 方法、CIP－CLSR1 方法和一阶迎风格式来求解对流项。

1.2 CIP法、CIP－CLS2法和CIP－CLSR1法的回顾

1.2.1 CIP法

尽管自然界是连续的，但是在数值模拟中数字化是不可避免的。数值算法的主要目标是重新构造数字化点之间的网格单元内丢失的信息。但是，以前提出的大多数数值方案都没有考虑网格单元内部的信息，而且分辨率一直为网格大小所限制。Yabe等提出的CIP方法试图在网格单元内部构造一个足够接近给定方程的实际解并且有一些约束的解。

1.2.1.1 CIP法的算法

我们首先利用下面的一维对流方程来介绍CIP算法：

$$\frac{\partial f}{\partial t}+u\frac{\partial f}{\partial x}=0 \tag{1-1}$$

当速度恒定时，方程(1-1)的解可以给出一个在速度u作用下的f场的简单平移运动。其初始条件如图1-1(a)的实线所示，在速度u的作用下，做连续运动，如图中虚线所示。这时，网格点处的解用黑圆点表示，其解与精确解完全相同。但是，如果我们去掉图1-1(b)中的虚线，则网格单元内部的轮廓信息已经丢失，很难反映出初始条件的形状，并且很自然地可以出现图1-1(c)中的实线的形状。因此，当我们通过线性插值法构造轮廓时，即使在网格点处有精确的解，如图1-1(c)所示，也会出现数值扩散。这个模式称为一阶迎风方案。另一方面，如果我们使用二次多项式进行插值，则结果会比总的值大一些。这个方法是Leith方案的Lax－Wendroff方法。

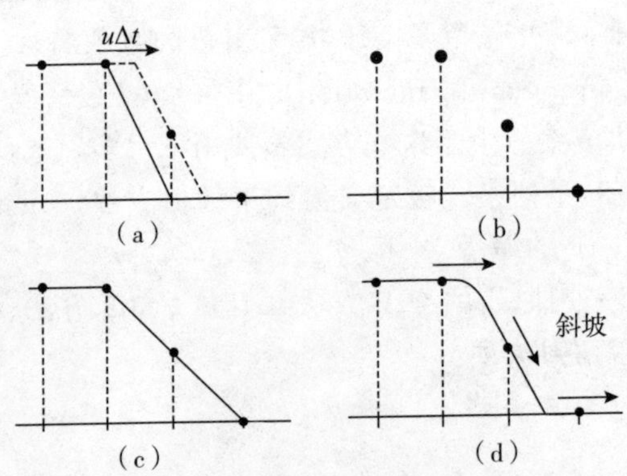

图1-1 CIP方法原理图

是什么导致结果不准确呢？这是因为我们忽略了在网格单元内部的行为，而

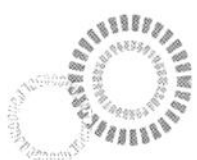

仅仅遵循求解的光滑性。我们知道求解时，不仅考虑网格点上的信息，而且考虑网格单元内的信息是非常重要的。因此，提出了下面的方法。首先把方程(1-1)在 x 方向进行空间离散，那我们就得到：

$$\frac{\partial g}{\partial t}+u\frac{\partial g}{\partial x}=-\frac{\partial u}{\partial x}g \tag{1-2}$$

这里 $g\equiv\partial f/\partial x$ 代表 f 的空间导数。在最简单的工况中，这里的速度 u 是常数，方程(1-2)和方程(1-1)一致，代表空间离散值随着速度 u 的移动。通过这个方程，我们可以根据方程(1-1)追踪 f 和 g 随着时间的解。如果能够预测 g 像图 1-1(d)中的箭头那样传播，下一个时间步的形状可以被预测出来。不难想象，受此约束，求解结果绘制的曲线和方程(1-1)是一致的，甚至在网格单元内部也是一致的。

如果在两个点($[i,i+1]$或$[i-1,i]$)上给定 f 和 g 值的话，那么在这两个点之间的形状可以用三次多项式插值得到：

$$F_i^n(x)=a_iX^3+b_iX^2+c_iX+d_i,X=(x-x_i) \tag{1-3}$$

假设速度 u 为负，则两点为$[i,i+1]$，

$$F(0)=f_i^n,F(\Delta x)=f_{i+1}^n,\partial_xF(0)=\partial_xf_i^n=g_i^n,\partial_xF(\Delta x)=\partial_xf_{i+1}^n=g_{i+1}^n \tag{1-4}$$

从方程(1-4)，参数 a_i，b_i，c_i 和 d_i 可以表示为：

$$a_i=\frac{g_i^n+g_{i+1}^n}{\Delta x^2}+\frac{2(f_i^n-f_{i+1}^n)}{\Delta x^3} \tag{1-5}$$

$$b_i=\frac{3(f_{i+!}^n-f_i^n)}{\Delta x^2}-\frac{2(g_i^n+g_{i+!}^n)}{\Delta x} \tag{1-6}$$

$$c_i=g_i^n \tag{1-7}$$

$$d_i=f_i^n \tag{1-8}$$

根据速度为负和正的情况，可以将这些参数确定为：

$$a_i=\frac{g_i^n+g_{iup}^n}{\Delta x_i^2}+\frac{2(f_i^n-f_{iup}^n)}{\Delta x_i^3} \tag{1-9}$$

$$b_i=\frac{3(f_{iup}^n-f_i^n)}{\Delta x_i^2}-\frac{2g_i^n+g_{iup}^n}{\Delta x_i} \tag{1-10}$$

$$c_i=g_i^n \tag{1-11}$$

$$d_i=f_i^n \tag{1-12}$$

$$\Delta x_i=x_{iup}-x_i \tag{1-13}$$

$$iup=i-\mathrm{sgn}(u_i) \tag{1-14}$$

这里 $\mathrm{sgn}(u)$代表 u 的符号。因此，可以利用 $u_i\Delta t$ 来移动，获取在第$(n+1)$步的结果。

$$f_i^{n+1}=F_i^n(x_i-u_i\Delta t) \tag{1-15}$$

$$g_i^{n+1} = \mathrm{d}F_i^n(x_i - u_i\Delta t)/\mathrm{d}x \tag{1-16}$$

那么

$$f_i^{n+1} = a_i\xi_i^3 + b_i\xi_i^2 + g_i^n\xi_i + f_i^n \tag{1-17}$$

这里，$\xi_i = -u_i\Delta t$。

1.2.1.2 非线性方程的应用

考虑一维守恒格式的对流方程：

$$\frac{\partial f}{\partial x} + \frac{\partial(uf)}{\partial x} = 0 \tag{1-18}$$

方程可以改写为：

$$\frac{\partial f}{\partial t} + u\frac{\partial f}{\partial x} = -f\frac{\partial u}{\partial x} \equiv G \tag{1-19}$$

这里 $G = -f\partial u/\partial x$。对方程(1-19)进行空间求导，可以得到：

$$\frac{\partial(\partial_x f)}{\partial t} + u\frac{\partial(\partial_x f)}{\partial x} = \partial_x G - \frac{\partial f}{\partial x}\frac{\partial u}{\partial x} \tag{1-20}$$

在方程(1-19)和(1-20)中，左边项代表对流项，可以用上面介绍的CIP方法来求解，右边项是非对流项。

将方程分解为两项：

对流项：

$$\frac{\partial f}{\partial t} + u\frac{\partial f}{\partial x} = 0 \tag{1-21}$$

$$\frac{\partial(\partial_x f)}{\partial t} + u\frac{\partial(\partial_x f)}{\partial x} = 0 \tag{1-22}$$

非对流项：

$$\frac{\partial f}{\partial t} = G \tag{1-23}$$

$$\frac{\partial(\partial_x f)}{\partial t} = \partial_x G - \frac{\partial f}{\partial x}\frac{\partial u}{\partial x} \tag{1-24}$$

求解的程序是：

(1)利用CIP计算对流项（$f^n, \partial_x f^n$）→（$f^*, \partial_x f^*$）。符号 * 表示计算完对流项的中间结果。

(2)当对流项求解完之后，利用第一步的结果来求解非对流项。第一步的结果 f^* 被更新。（$f^*, \partial_x f^*$）→（$f^{n+1}, \partial_x f^{n+1}$）。非对流项可以利用常规的有限差分法来求解：

$$f_i^{n+1} = f_i^* + G\Delta t \tag{1-25}$$

$$\partial_x f_i^{n+1} = \partial_x f_i^* + \frac{G_{i+1} - G_{i-1}}{2\Delta x}\Delta t - \partial_x f_i^* \frac{u_{i+1} - u_{i-1}}{2\Delta x}\Delta t$$

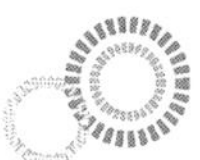

$$=\partial_x f_i^* + \frac{(f_{i+1}^{n+1} - f_{i+1}^*) - (f_{i-1}^{n+1} - f_{i-1}^*)}{2\Delta x \Delta t}\Delta t - \partial_x f_i^* \frac{u_{i+1} - u_{i-1}}{2\Delta x}\Delta t \quad (1\text{-}26)$$

这里 $G=-f_i^*\ (\partial u/\partial x)_i$ 和速度的空间导数$\partial u/\partial x$ 可以利用中心有限差分法来求解。这样就完成了方程(1-18)的求解。任何其他的非对流项，例如扩散项，都可以放到 G 中，求解过程和上面的相同。

1.2.2　CIP－CLS2 法

对一维守恒格式的对流方程进行求解：

$$\frac{\partial f}{\partial t} + \frac{\partial (uf)}{\partial x} = 0 \quad (1\text{-}18)$$

这里 u 是变量。前面介绍的 CIP 法利用计算点上的 f 和它的空间一阶导数 $\partial_x f=\partial f/\partial x$ 作为约束来构建函数，CIP－CSL2 需要额外的周围两个点值的积分来增加约束，

$$\rho_i^n = \int_{x_i}^{x_{i+1}} f(x,t)\mathrm{d}x \quad (1\text{-}27)$$

这里 n 代表时间。尽管 CIP 方法利用 f 和 $g=\partial f/\partial x$ 作为约束来定义三次多项式，用 f 的积分值而不是 f 本身来应用 CIP 方法也会比较有趣。我们可以考虑下面的动量方程：

$$\frac{\partial D}{\partial t} + u\frac{\partial D}{\partial x} = 0 \quad (1\text{-}28)$$

有趣的是，如果我们对方程(1-28)进行空间求导，并且定义 $D'\equiv\partial D/\partial x$，可以得到守恒格式的方程：

$$\frac{\partial D'}{\partial t} + \frac{\partial (uD')}{\partial x} = 0 \quad (1\text{-}29)$$

在方程(1-29)中我们定义 $D'=f$，在方程(1-28)中定义 $D=\int f\mathrm{d}x$ in Eq.(1-28)。这个求解过程和方程(1-1)完全相同，只是用 f 代替了$\int f\mathrm{d}x$，而在方程(1-2)中，用 f 替换 g。这样，在 CIP 的计算流程中，可以用$\int f\mathrm{d}x$ 和 f 来代替 f 和 $\partial f/\partial x$。

通过这个类比，我们可以引入函数：

$$D_i^n(x) = \int_{x_i}^{x} f(x',t)\mathrm{d}x' \quad (1\text{-}30)$$

$D_i^n(x)$表示从 x_i 到上游点 x 的累积质量。我们将使用三次多项式来构建这个曲线，

$$D_i^n(x) = A_{1i}X^3 + A_{2i}X^2 + f_i^n X + D_i^n \quad (1\text{-}31)$$

这里 $X=x-x_i$。现在在这个模式中，空间梯度在 CIP 方法中的作用被 f 代替，而 f 是 D 的空间导数。利用上面的关系，x_i 和 x_{i+1} 之间的曲线 (x,t) 可以通过对方程(1-31)求导获得：

$$f_i^n(x)=\frac{\partial D_i^n(x)}{\partial x}=3A_{1i}X^2+2A_{2i}X+f_i^n \tag{1-32}$$

通过方程(1-30)中 D 的定义，可以清楚地看到：

$$D_i(x_i)=0, D_i(x_{iup})=-\operatorname{sgn}(u_i)\rho_{icell}^n \tag{1-33}$$

这里 ρ_{icell}^n 是定义在网格中心 $i\pm1/2$ 和 i 上的总的迎风质量。既然 $\partial D/\partial x$ 给出了 f 的函数，那么很显然：

$$\frac{\partial D_i^n(x_i)}{\partial x}=f_i^n, \frac{\partial D_i^n(x_{iup})}{\partial x}=f_{iup}^n \tag{1-34}$$

因此，通过满足方程 (1-33)和(1-34)的约束来确定系数 A_{1i} and A_{2i}。作为上面方程的直接结果，无须任何矩阵求解，这些系数可以显式地直接求出：

$$A_{1i}=\frac{f_i^n+f_{iup}^n}{\Delta x_i^2}+\frac{2\operatorname{sgn}(u_i)\rho_{icell}^n}{\Delta x_i^3} \tag{1-35}$$

$$A_{2i}=-\frac{2f_i^n+f_{iup}^n}{\Delta x_i}-\frac{3\operatorname{sgn}(u_i)\rho_{icell}^n}{\Delta x_i^2} \tag{1-36}$$

这里 $\Delta x_i\equiv x_{i-1}-x_i$。值得注意的是，比较方程(1-35)、(1-36)和方程(1-4)，方程(1-4)中的 f 和 g 分别被 D 和 f 替代。而根据方程(1-33)，$D_i(x_i)-D_i(x_{iup})=\operatorname{sgn}(u_i)\rho_{icell}^n$。

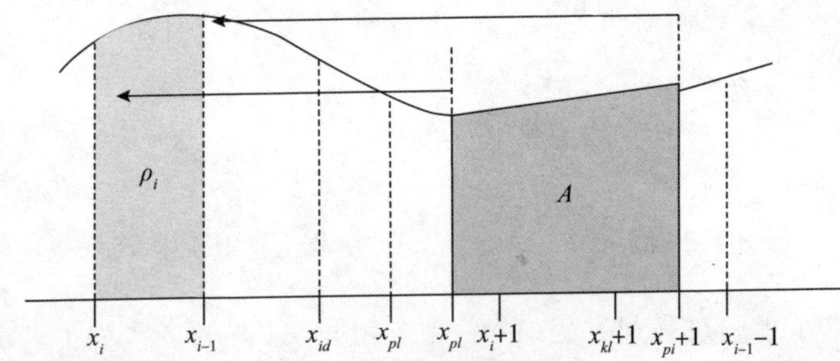

图 1-2　求解示意图

如图 1-2 所示，r 的时间演化可以由上游两个迎风分离点形成的体积确定，并且可以根据守恒方程的经典保守格式来计算[10]。

$$\begin{aligned}\rho_{i-1/2}^{n+1}&=\int_{x_{p(i-1)}}^{x_{m(i-1)}}f\mathrm{d}x+\cdots+\int_{x_{m(i)-1}}^{x_{p(i)}}f\mathrm{d}x\\&=\Delta\rho_{m(i-1)}+\left[\rho_{m(i)-1/2}-\Delta\rho_{m(i)}\right]\end{aligned} \tag{1-37}$$

这里，x_{p_i} 是上游出发点的粒子位置，其计算公式为：

$$x_{p(i)}=x_i+\int_{t+\Delta t}^{t}u\,\mathrm{d}t \tag{1-38}$$

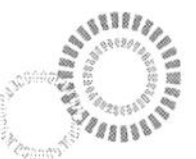

方程(1-37)最后一项，$\Delta\rho$ 可以定义为：

$$\Delta\rho_i = \int_{x_i+\xi}^{x_i} f(x')\mathrm{d}x' = -D_i(x_i+\xi) = -(A_{1i}\xi^3 + A_{2i}\xi^2 + f_i^n\xi) \quad (1\text{-}39)$$

1.2.3　CIP－CLSR1 法

对于守恒格式的对流扩散方程：

$$\frac{\partial f}{\partial t} + \frac{\partial(uf)}{\partial x} = 0 \quad (1\text{-}18)$$

可以利用下面的公式，直接使用通量形式构造数值模式：

$$\frac{\partial\rho_i}{\partial t} = -\frac{(uf)_{i+\frac{1}{2}} - (uf)_{i-\frac{1}{2}}}{\Delta x_i} \quad (1\text{-}40)$$

这里，$Dx_i = x_{i+1/2} - x_{i-1/2}$。其中 r_i 代表输运量的网格中心积分平均值，而 $(uf)_{i+1/2}$ 和 $(uf)_{i-1/2}$ 是通过网格边界上的流量。计算的数值公式都是自动守恒的。

为了得到一个高阶的数值格式，数值通量通常是基于比分段逼近更精确的插值来计算的。给定单元积分平均值 r_i 以及单元边界上的值 $f_{i-1/2}$ 和 $f_{i+1/2}$，可以在第 i 个单元上构造自由度为 3 的插值函数 $[x_{i-\frac{1}{2}}, x_{i+\frac{1}{2}}]$。

在 CIP－CSLR1 方案中，通过使用单元平均和唯一确定的单元接口值 $f_{i+1/2}$（通过半拉格朗日方法进行改进）来构造插值函数。

CSLR1 中用下面修正后的有理函数：

$$R_i^{1+} = \frac{a_i^{1+} + 2b_i^{1+}(x - x_{i-\frac{1}{2}}) + (3c_i^{1+} + \tilde{\beta}_i^+ b_i^{1+})(x - x_{i-\frac{1}{2}})^2 + 2\tilde{\beta}_i^+ c_i^{1+}(x - x_{i-\frac{1}{2}})^3}{[1 + \tilde{\beta}_i^+(x - x_{i-\frac{1}{2}})]^2}$$

$$\text{for} \quad x \in [x_{i-\frac{1}{2}}, x_{i-\frac{1}{2}}] \quad (1\text{-}41)$$

或

$$R_i^{1-} = \frac{a_i^{1-} + 2b_i^{1-}(x - x_{i+\frac{1}{2}}) + (3c_i^{1-} + \tilde{\beta}_i^- b_i^{1-})(x - x_{i+\frac{1}{2}})^2 + 2\tilde{\beta}_i^- c_i^{1-}(x + x_{i+\frac{1}{2}})^3}{[1 + \tilde{\beta}_i^-(x + x_{i+\frac{1}{2}})]^2}$$

$$\text{for} \quad x \in [x_{i-\frac{1}{2}}, x_{i-\frac{1}{2}}] \quad (1\text{-}42)$$

参数 $\tilde{\beta}_i^+$ 的定义如下：

$$\tilde{\beta}_i^+ = \Delta x_i^{-1}\left(\frac{|f_{i-\frac{1}{2}}^n - \rho_i^n| + \varepsilon}{|\rho_i^n - f_{i+\frac{1}{2}}^n| + \varepsilon} - 1\right) \quad (1\text{-}43)$$

根据迎风方向，我们选择 R^{1+} 或 R^1。

利用方程 (1-44)～方程(1-46)的约束条件：

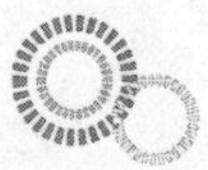

$$R_i(x_{i-\frac{1}{2}})=f^n_{i-\frac{1}{2}} \tag{1-44}$$

$$R_i(x_{i+\frac{1}{2}})=f^n_{i+\frac{1}{2}} \tag{1-45}$$

$$\frac{1}{\Delta x_i}\int_{x_{i-\frac{1}{2}}}^{x_{i+\frac{1}{2}}} R_i(x)\mathrm{d}x=\rho^n_i \tag{1-46}$$

$R^{1+}_i(x)$可以利用下面的系数来确定：

$$a^{1+}_i=f^n_{i-\frac{1}{2}} \tag{1-47}$$

$$b^{1+}_i=\frac{1}{\Delta x_i}[\gamma_i(2\rho^n_i-f^n_{i+\frac{1}{2}})+\rho^n_i-2f^n_{i-\frac{1}{2}}] \tag{1-48}$$

$$c^{1+}_i=\frac{1}{\Delta x_i{}^2}[\gamma_i(f^n_{i+\frac{1}{2}}-\rho^n_i)-\rho^n_i+2f^n_{i-\frac{1}{2}}] \tag{1-49}$$

这里，$\gamma^+_i=1+\tilde{\beta}^+_i\Delta x_i$。

类似的，其他的系数 $R^{1-}_i(x)$ 可以在 $R^{1+}_i(x)$表达式中用$-\Delta x_i$ 来代替 Δx_i，进而求得。

$R^1_i(x)$的所有插值函数都确定后，f 在 $n+1$ 时间步的结果可以通过半拉格朗日计算来更新。

$$\tilde{f}_{i+\frac{1}{2}}=\begin{cases}R^{1-}_i(x_{i+\frac{1}{2}}-\xi),\text{if} \quad u>0\\ R^{1+}_i(x_{i+\frac{1}{2}}-\xi),\text{if} \quad u<0\end{cases} \tag{1-50}$$

这里，x 是在 $x_{i+1/2}$上，在时间上质点移动的距离。

针对速度发散所进行的校正如下：

$$f^{n+1}_{i+\frac{1}{2}}=\tilde{f}_{i+\frac{1}{2}}-\int_\tau\left(\tilde{f}\frac{\partial u}{\partial x}\right)\mathrm{d}\tau \tag{1-51}$$

其中：t 代表从 t^{n+1} 到 t^n 时刻粒子移动的轨迹。对于 $C-$grid 上轨迹积分$\tilde{f}\partial u/\partial x$的最简单计算方法可以写作：

$$\frac{\Delta t}{\Delta x_i+\Delta x_{i+1}}\tilde{f}_{i+\frac{1}{2}}(u_{i+\frac{1}{2}}-u_{i-\frac{1}{2}}) \tag{1-52}$$

r_i可以利用通量公式写为：

$$\rho^{n+1}_i=\rho^n_i-(g_{i+\frac{1}{2}}-g_{i-\frac{1}{2}})/\Delta x \tag{1-53}$$

其中，$g_{i+1/2}$代表从 t^{n+1}到 t^n时刻 f 通过 $x=x_{i+1/2}$的通量：

$$\begin{aligned}g_{i+\frac{1}{2}}=\int_{t^n}^{t^{n+1}}&\{\min(0,u_{i+\frac{1}{2}})R^{1+}_{i+1}[x_{i+\frac{1}{2}}-u_{i+\frac{1}{2}}(t-t^n)]\\&-\max(0,u_{i+\frac{1}{2}})R^{1-}_i[x_{i+\frac{1}{2}}-u_{i+\frac{1}{2}}(t-t^n)]\}\mathrm{d}t\end{aligned} \tag{1-54}$$

利用方程 (1-41)和方程(1-42)，可得：

$$\begin{aligned}g_{i+\frac{1}{2}}&=\frac{a^{1+}_{i+1}\xi+b^{1+}_{i+1}\xi^2+c^{1+}_{i+1}\xi^3}{1+\beta^+_i\xi}\quad \text{for}\quad u_{i+\frac{1}{2}}<0\\ &\frac{a^{1-}_i\xi+b^{1-}_i\xi^2+c^{1-}_i\xi^3}{1+\beta^-_i\xi}\quad u_{i+\frac{1}{2}}>0\end{aligned} \tag{1-55}$$

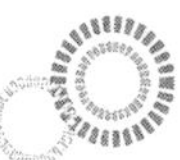

1.2.4　二维解法

上面介绍了 CIP 法、CIP－CLS2 法和 CIP－CLSR1 的一维解法。下面将方法拓展到二维。

1.2.4.1　CIP 法的二维求解

对于二维对流方程：

$$\frac{\partial f}{\partial t}+U\frac{\partial f}{\partial x}+V\frac{\partial f}{\partial y}=0 \tag{1-56}$$

可以用 CIP 法表示为：

$$f_{i,j}^{n+1}=A01*XX^3+A02*YY^3+A03*XX^2*Y+A04*XX*YY^2+A05*XX^2+A06*YY^2+A07*XX*YY+\partial_x f*XX+\partial_y f*YY+f_{i,j} \tag{1-57}$$

$$\partial_x f_{i,j}^{n+1}=3A01*XX^2+2A03*XX*YY+A04*YY^2+2A05*XX+A07*YY+\partial_x f_{i,j} \tag{1-58}$$

$$\partial_y f_{i,j}^{n+1}=3A02*YY^2+A03*XX^2+2A04*YY*XX+2A06*YY+A07*XX+\partial_y f_{i,j} \tag{1-59}$$

这里，

$$XX=-u(i,j)\Delta t \tag{1-60}$$

$$YY=-v(i,j)\Delta t \tag{1-61}$$

$$ZX=\mathrm{sign}[1-0,u(i,j)] \tag{1-62}$$

$$ZY=\mathrm{sign}(1-0,v(i,j)) \tag{1-63}$$

$$im1=i-\mathrm{int}(ZX) \tag{1-64}$$

$$jm1=j-\mathrm{int}(ZY) \tag{1-65}$$

$$A01=\frac{f_x(im1,j)+f_x(i,j)}{\Delta x*ZX}-\frac{2[f(i,j)-f(im1,j)]}{\Delta x^3*ZX} \tag{1-66}$$

$$A02=\frac{f_y(i,jm1)+f_y(i,j)}{\Delta y*ZY}-\frac{2[f(i,j)-f(i,jm1)]}{\Delta y^3*ZY} \tag{1-67}$$

$$A03=\frac{1}{\Delta x^2\Delta y*ZY}(-f(i,j)+f(im1,j)+f(i,jm1)-f(im1,jm1)+f_x(i,j)\Delta x*ZX-f_x(i,jm1)\Delta x*ZX) \tag{1-68}$$

$$A04=\frac{1}{\Delta y^2\Delta x*ZX}(-f(i,j)+f(im1,j)+f(i,jm1)-f(im1,jm1)+f_y(i,j)\Delta y*ZY-f_y(i-1,j)\Delta y*ZY) \tag{1-69}$$

$$A05 = \frac{3(f(im1,j) - f(i,j))}{\Delta x^2} + \frac{f_x(im1,j) + 2f_x(i,j)}{\Delta x * ZX} \tag{1-70}$$

$$A06 = \frac{3(f(i,jm1) - f(i,j))}{\Delta y^2} + \frac{f_y(i,jm1) + 2f_y(i,j)}{\Delta y * ZY} \tag{1-71}$$

$$\begin{aligned} A07 = & \frac{-f(i,j) + f(im1,j) + f(i,jm1) - f(im1,jm1)}{\Delta x \Delta y * ZX * ZY} \\ & + \frac{f_x(i,j) - f_x(i,jm1)}{\Delta y * ZX * ZY} + \frac{f_y(i,j) - f_y(im1,j)}{\Delta x * ZX * ZY} \end{aligned} \tag{1-72}$$

对于非线性方程，它的计算方法和一维计算相同。方程可分为对流项和非对流项。对流阶段求解后，利用对流项的结果来求解非对流项。

1.2.4.2 CIP－CSL2 法和 CIP－CSLR1 法的二维拓展

对于 CIP－CIPCLS2 方法和 CIP－CLSR1 方法，一维到二维的拓展采取的是维分解的方法。采用这种方法不仅简单，而且能够保留一维方案的准确性和稳定性。

正如我们在一维方案中看到的那样，CLS 方案需要分别计算和存储网格内积分值 r 和网格间的值 f，而且 r 和 f 彼此隔开半格的间距。Nakamura 等人[7]提出了通过对所有全网格线和半网格线进行一维计算的 CSL 方案拆分方法。这需要增加二维存储器的存储量和 $4N$ 的计算量（N 是网格点的总数）。

从实际角度出发，Xiao 等人[9]提出了另一种经济分裂方式。对于在 C－grid（图 1-3）（Arakawa and Lamb[11]）中的二维对流输运方程：

$$\frac{\partial f}{\partial t} + \frac{\partial}{\partial x}(uf) + \frac{\partial}{\partial y}(vf) = 0 \tag{1-73}$$

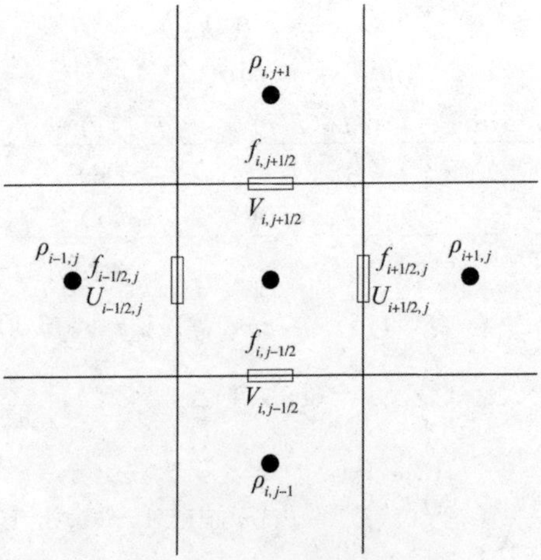

图 1-3　二维网格图

CIP－CSL2 方案和 CIP－CSLR1 方案的简单二维拆分写为：

给定 ρ_{ij}^n，$f_{i+/2,j}^n$ 和 $f_{i+1/2,j}^n$，

x 方向：

x_1：利用一维模式从 ρ_{ij}^n，$f_{i+1/2,j}^n$ 计算 ρ_{ij}^* 和 $f_{i+1/2,j}^*$；

x_2：更新 $f_{i,j+1/2}^*$ 为

$$f_{i,j+\frac{1}{2}}^* = f_{i,j+\frac{1}{2}}^n + \frac{1}{\Delta y_j + \Delta y_{j+1}}[\Delta y_j(\rho_{i,j+1}^* - \rho_{i,j+1}^n) + \Delta y_{j+1}(\rho_{ij}^* - \rho_{ij}^n)] \tag{1-74}$$

y 方向：

y_1：利用一维模式从 ρ_{ij}^*，$f_{i,j+1/2}^*$ 计算 ρ_{ij}^{n+1} 和 $f_{i,j+1/2}^{n+1}$；

y_2：更新 $f_{i+1/2,j}^{n+1}$ 为：

$$f_{i,j+\frac{1}{2}}^* = f_{,ij+\frac{1}{2}}^n + \frac{1}{\Delta y_j + \Delta y_{j+1}}[\Delta y_j(\rho_{i,j+1}^* - \rho_{i,j+1}^n) + \Delta y_{j+1}(\rho_{ij}^* - \rho_{ij}^n)] \tag{1-75}$$

1.3　CIP 系列方法的验证

在应用这些方法求解浅水方程之前，有必要验证其准确性和守恒性。

1.3.1　一维方法的验证

考虑保守形式的一维对流输运方程，

$$\frac{\partial f}{\partial t} + \frac{\partial(uf)}{\partial x} = 0 \tag{1-18}$$

用不同的空间解法计算一维等速流动下方波的对流，方法分别是：一阶迎风方案，CIP 方法，CIP－CSL2 方法和 CIP－CLSR1 方法。

初始条件为：

$$f(o,x) = \begin{cases} 1 & \text{if } 0.7 \leqslant x \leqslant 1.3 \\ 0 & \text{otherwise} \end{cases} \tag{1-76}$$

本次计算的 CFL 数是 0.1。

利用这四种方法计算出的 2000 个时间步长后的波形如图 1-4 所示。这个问题的解析解是：波被传输了一段距离，仍旧能保留原始波的精确形状。为了比较这些方法的准确性，对数值误差进行了比较，如图 1-5 所示。根据 Takacs[12]，数值误差的定义如下：

$$E_{TOT} = \frac{1}{N}\sum_{i=1}^{N}(f_i^n - f_i^{\text{exact}})^2 \tag{1-77}$$

其中，N 是网格数。

可以看出，在一阶迎风方案的计算中，由于一阶迎风方案的数值扩散，波的平

移量的形状与原始波形有很大的不同，并且在四种方法中具有最大的数值误差。但另一方面，这种数值扩散使得计算稳定。

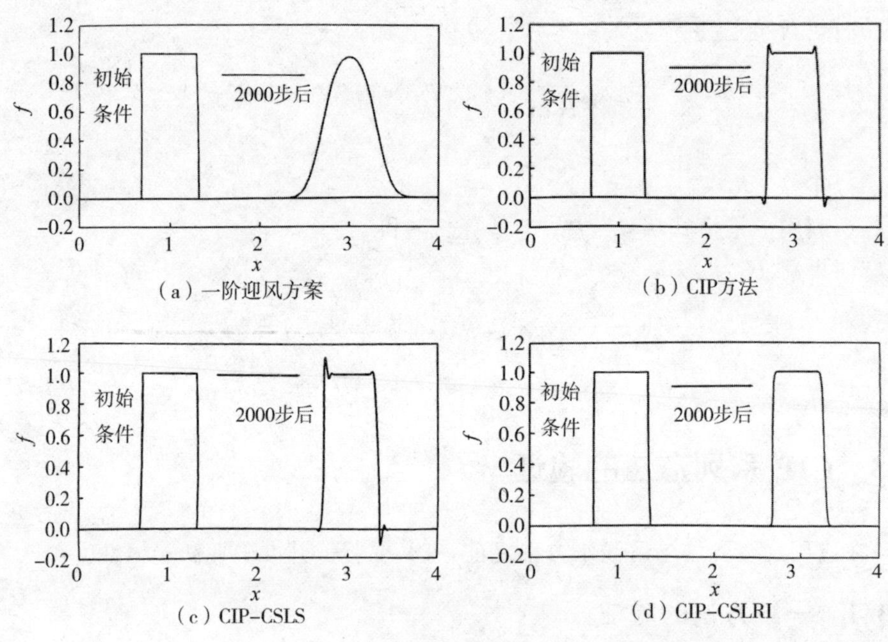

图 1-4　一维方波利用不同数值模拟的计算结果比较

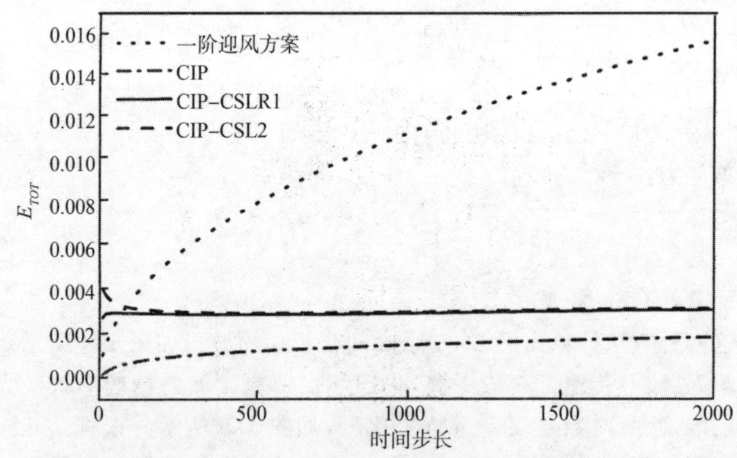

图 1-5　不同数值模拟的计算误差对比

这三种 CIP 方法都可以很好地保留对流量的形状，并给出较小的数值误差。CIP－CSL2 方法和 CIP－CSLR1 方法给出的数值误差非常相似，而 CIP 方法给出的数值误差相对较小。但是，在 CIP 方法和 CIP－CSL2 方法中能找到不连续

点附近的数值振荡。

1.3.2　二维问题的验证

考虑保守形式的二维对流输运方程

$$\frac{\partial f}{\partial t}+\frac{\partial}{\partial x}(uf)+\frac{\partial}{\partial y}(vf)=0 \tag{1-73}$$

这里利用几种数值方法计算了二维 Molenkamp－Crowley 测试算例[13]：一阶迎风方案，CIP 方法，CIP－CSL2 方法和 CIP－CSLR1 方法。利用 100×100 计算了方程(1-73)。对于周期为 1 的纯有理速度场：

$$u(x,y)=2\pi\left(y-\frac{1}{2}\right),v(x,y)=-2\pi\left(x-\frac{1}{2}\right) \tag{1-78}$$

初始条件是中心分别为$\left(\frac{1}{2},\frac{3}{4}\right)$和$\left(\frac{1}{2},\frac{1}{4}\right)$、半径为 0.15、高为 1 的圆柱体和圆锥体。图 1-6 为每种方案旋转一圈后的结果。而这个问题的解析解与初始条件完全相同。

为了研究每种方案的守恒性，定义 C 为：

$$C=\frac{F\text{total}}{F\text{total0}} \tag{1-79}$$

$$F\text{total}=\sum_{i=1}^{nx}\sum_{j=1}^{ny}f(x,y) \tag{1-80}$$

$$F\text{total0}=\sum_{i=1}^{nx}\sum_{j=1}^{ny}f0(x,y) \tag{1-81}$$

图 1-7 显示了每种方案的守恒性。由于迎风方案的 C 比其他方案大得多，因此在图 1-7(b)中单独显示。为了比较这些方法的特性，表 1-1 为旋转 1 圈和 2 圈后的数值误差比较。

表 1-1　不同数值方法的数值误差对比

模式	1st order Upwind	CIP	CIP－CSL2	CIP－CSLR1
E_{TOT}(旋转 1 圈)	2.694E－02	1.0727E－02	2.876E－03	3.157E－03
E_{TOT}(旋转 2 圈)	4.069E－02	1.7384E－02	3.430E－03	3.780E－03

由于一阶迎风方案的数值扩散，圆柱体和圆锥体的形状与原始形状大不相同，在四种方法中数值误差最大，守恒性最差。这三种 CIP 方法都可以很好地保留对流量的形状，并给出较小的数值误差。在这四种方法中，CIP 方法给出的结果最佳，数值误差最小。而 CIP－CSLR1 方法具有最好的守恒保护效果。

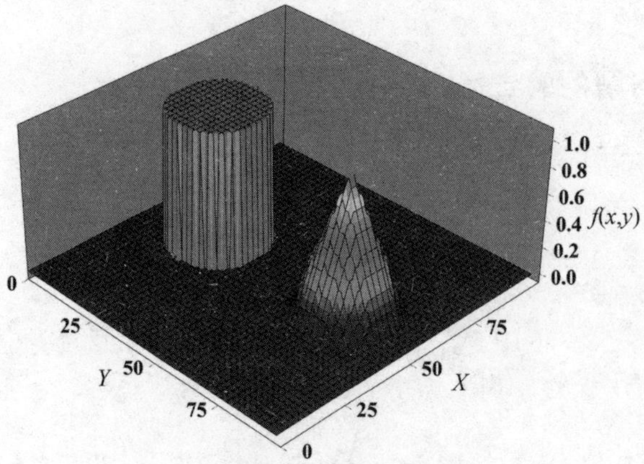

(a)初始条件

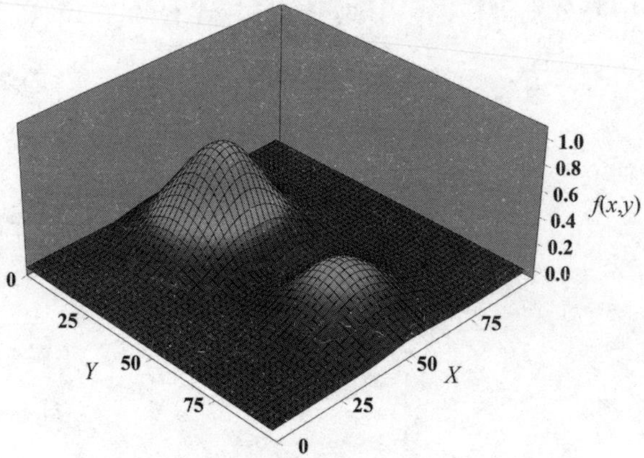

(b)一阶上风格式

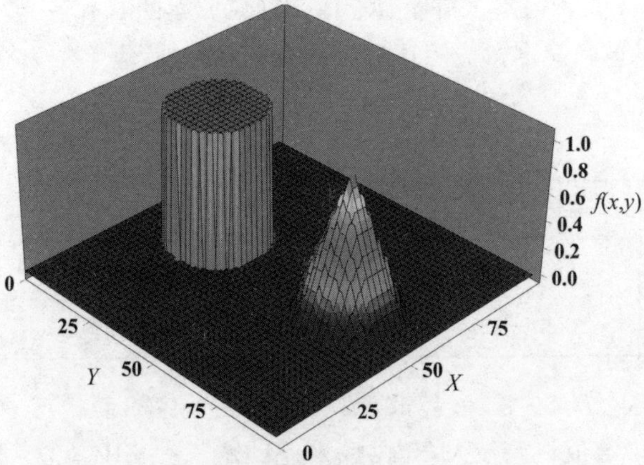

(c)CIP 方法

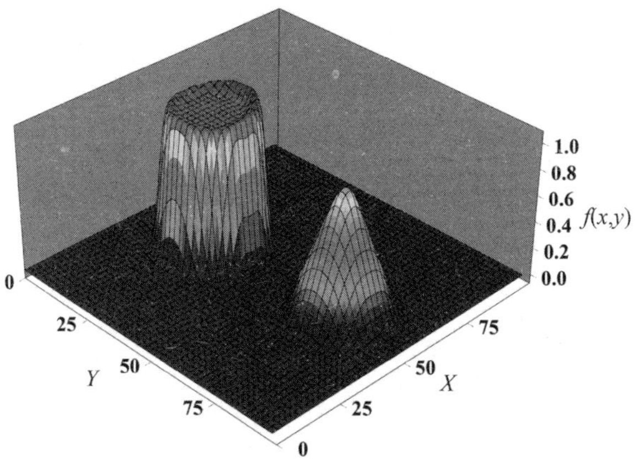

(d)CIP－CLS2 方法

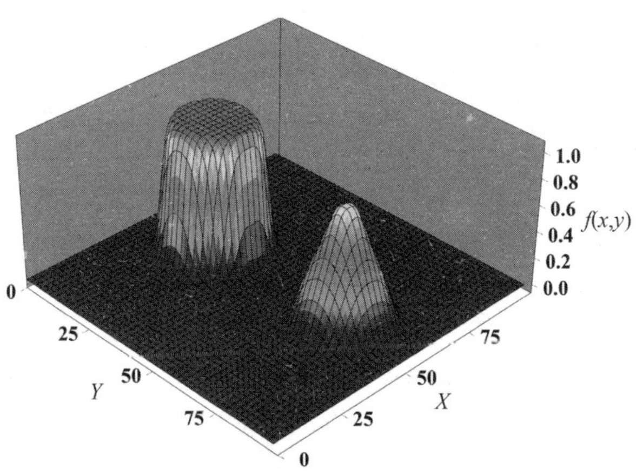

(e)CIP－CLR1 方法

图 1-6　旋转 1 周后的数值结果

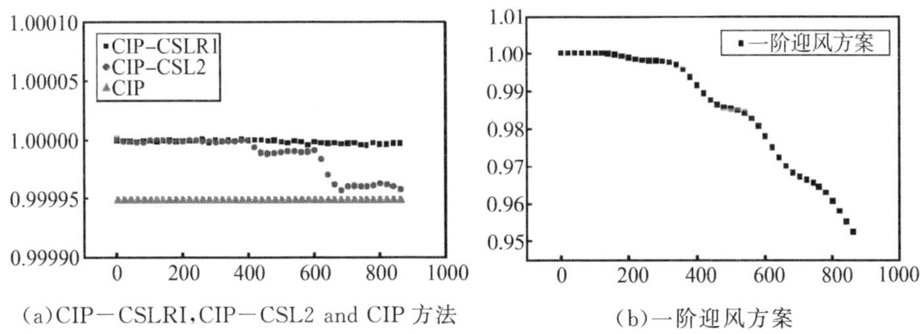

(a)CIP－CSLRI,CIP－CSL2 and CIP 方法　　　(b)一阶迎风方案

图 1-7　守恒性的对比图

1.4 本章小结

本章建立了基于原始 CIP 方法、CIP－CSL2 方法和 CIP－CSLR1 方法的数值模型,并对这三种 CIP 方法以及一阶迎风方案进行了对比。这三种 CIP 方法表现出较高的准确性和守恒性,其中 CIP－CSLR1 方法无振荡。这三种 CIP 方法均适用于处理对流项。

参考文献

[1] Takewaki,H. ,Nishiguchi,A. and Yabe,T.. The cubic interpolation pseudo-particle method (CIP) for solving hyperbolic－type equations. Journal of computational physics,Vol. 61,pp. 261-268,1985.

[2] Takewaki ,H. and Yabe. T.. Cubic－interpolated pseudo particle (CIP) method—Application to nonlinear or multi－dimensional problems. Journal of computational physics,Vol. 70,pp. 355-372,1987.

[3] Yabe T. and Aoki T.. A universal solver hyperbolic－equations by cubic－polynomial interpolation. Ⅰ. One－dimensional solver. Computer Physics Communications,Vol. 66,pp. 219-232,1991.

[4] Yabe T. , Ishizawa. T. , Wang P. Y. , Aoki T. , Kadota Y. and Ikeda F.. A universal solver for hyperbolic－equations by cubic－polynomial interpolation. Ⅱ. 2-dimensional and 3－dimensinal solvers. Computer Physics Communications, Vol. 66,pp233-242,1991.

[5] Tanaka. R. ,Nakamura T. and Yabe T.. Constructing exactly conservative scheme in non－conservative form. Computational Physics Communications, Vol. 126,pp. 232-243,2000.

[6] Yabe T. ,Tanaka R. ,Nakamura T. and Xiao F.. An exactly conservative semi－Lagrangian scheme (CIP－CSL) in one dimension. Monthly Weather Review,Vol. 129,pp. 332-344,2001.

[7] Nakamura T. ,Tanaka R. ,Yabe T. and Takizawa K.. Exact conservative semi－lagrangian scheme for muli－dimensional hyperbolic equations with directional splitting technique. Journal of Computational Physics,Vol. 174, pp. 171-207,2001.

[8] Xiao F. andTabe T. Completely conservative and oscillationless semi－Lagrangian schemes for advection transportation. Journal of computational

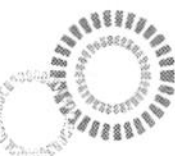

physics, Vol. 170, pp. 498-522, 2001.

[9] Xiao F., Yabe T., Peng X. and Kobayashi H.. Conservative and oscillation－less atmospheric transport schemes based on rational functions [J]. Journal of Geophysical Research, Vol. 107, D22, 4609, doi: 10.1029/2001JD001532: ACL 2-1-2-11, 2002.

[10] Laprise, R. and Plante A.. SLIC: A semi－Lagragian integrated－by－cell mass－conserving numerical transport schemes [J]. Month Weather Review, Vol. 123, pp. 553-565, 1995.

[11] Arakawa, A. and V. R. Lamb. Computational design of the basic dynamical processes of the UCLA general circulation model [J]. Methods Computational Physics, Vol. 17, pp. 173-265, 1977.

[12] Takacs, L. A two－step scheme for the advection equation with minimized dissipation and dispersion errors [J]. Month Weather Review, Vol. 113, pp. 1050-1065, 1985.

[13] Verwer, J. G., W. H. Hundsdorfer and J. G. Bolm. Numerical time integration for air pollution models. CWI Report, MAS－R9825, 1988.

第二章　三维潮流数值模型及其应用

海水的自净能力，不仅取决于受纳污染物水体的体积，更取决于水体的动态，其自净过程则主要依赖它的环境动力条件。海岸、河口地区最重要的就是潮流。航海、水产捕捞、养殖、筑港及潮能发电等也都与潮汐潮流有着密切的关系。

本章主要介绍三维潮流数值模型的控制方程及其数值实现。

2.1　三维潮流数值模型

2.1.1　基本方程

2.1.1.1　控制方程

从 Navier－Stokes 方程出发，经过以下假设和假定[1]：

(1)海水为不可压缩的黏性流体；

(2)静水压强假定；

(3)海水密度恒定。

可以得到三维潮流运动的基本方程：

不可压缩黏性流体的质量守恒方程，亦称连续性方程，为：

$$\frac{\partial u}{\partial x}+\frac{\partial v}{\partial y}+\frac{\partial w}{\partial z}=0 \tag{2-1}$$

动量守恒方程，亦称运动方程，为：

$$\frac{\partial u}{\partial t}+u\frac{\partial u}{\partial x}+v\frac{\partial u}{\partial y}+w\frac{\partial u}{\partial z}=-g\frac{\partial \eta}{\partial x}+\mu\left(\frac{\partial^2 u}{\partial x^2}+\frac{\partial^2 u}{\partial y^2}\right)+\frac{\partial}{\partial z}\left(\nu\frac{\partial u}{\partial z}\right)+fv \tag{2-2}$$

$$\frac{\partial v}{\partial t}+u\frac{\partial v}{\partial x}+v\frac{\partial v}{\partial y}+w\frac{\partial v}{\partial z}=-g\frac{\partial \eta}{\partial y}+\mu\left(\frac{\partial^2 v}{\partial x^2}+\frac{\partial^2 v}{\partial y^2}\right)+\frac{\partial}{\partial z}\left(\nu\frac{\partial v}{\partial z}\right)-fu \tag{2-3}$$

式中，t 为时间，x、y 和 z 为 xoy 面置于未扰动静止海面、z 轴垂直向上的直角坐标系坐标；u、v 和 w 分别为流速沿 x、y、z 轴方向的分量；g 为重力加速度；f 为科氏力系数，$f=2\omega\ \sin q$，ω 为地球自转角速度(rad/s)；q 为计算区域的纬度(单位：度)；m 和 n 分别为水平涡动黏性系数和垂向黏性系数；h 为平均海面上的潮位升降。

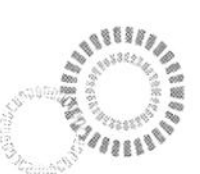

将连续方程沿着水深积分，在自由表面采用水动力条件可以得到自由表面方程[2]：

$$\frac{\partial \eta}{\partial t}+\frac{\partial}{\partial x}\left[\int_{-h}^{\eta} u \mathrm{d} z\right]+\frac{\partial}{\partial y}\left[\int_{-h}^{\eta} v \mathrm{d} z\right]=0 \tag{2-4}$$

这里，$h(x,y)$是从静水平面量起的水深，$H(x,y)$是整个水深：

$$H(x,y)=h(x,y)+\eta(x,y)$$

方程(2-1)～方程(2-4)构成了三维潮流数值模型的控制方程。

2.1.1.2　初始条件与边界条件

(1)初始条件[2]

在海域潮流计算中，初始流场很难确定，一般采用所谓的“冷启动”，即认为初始条件与计算的最终结果无关。因此，计算的初始条件为：

$$u=v=0, \eta=\sum_{i=1}^{m} A_{i} \cos (-g_{i})$$

式中，m为计算所取的分潮个数，A_i为i分潮的振幅，g_i为i分潮的迟角。

(2)边界条件[3]

动力学边界条件包括垂直边界条件(海底，水面)、水平边界条件(闭边界、开边界)。

a. 自由表面的边界条件是：

$$\nu \frac{\partial u}{\partial z}=\frac{\tau_{x}^{w}}{\rho}, \nu \frac{\partial v}{\partial z}=\frac{\tau_{y}^{w}}{\rho} \tag{2-5}$$

其中，τ_x^w，τ_y^w 是风应力。

b. 水陆交界的底边界条件是：

$$\nu \frac{\partial u}{\partial z}=\gamma u, \nu \frac{\partial v}{\partial z}=\gamma v \tag{2-6}$$

其中，$\gamma=g \dfrac{\sqrt{u^{2}+v^{2}}}{c_{z}^{2}}$，而 c_z是谢才系数，可以按照曼宁公式 $c_n=\dfrac{1}{n}H^{1/6}$ 近似计算，n为糙率。

c. 开边界条件：

在开边界上，通过开边界上的潮位过程线或者潮汐调和常数来控制。其形式为：$\eta(t)=\sum_{i=1}^{m} A_{i} \cos (\sigma_{i} t-g_{i})$。

式中，σ_i为分潮i的角频率。开边界的选取直接关系计算结果的精度，一般要尽量将其选在主潮流正交的方向上。

d. 闭边界条件：

$$\vec{V} n=0$$

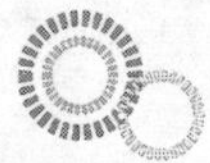

2.1.2 三维潮流方程的离散与求解

本文采用 V. Casulli 的半隐半显格式有限差分法。

2.1.2.1 网格剖分

方程组的离散是在交错网格系统上进行的，如图 2-1 所示。采用矩形网格，每个网格在中心定义 i,j,k。与其他交错网格不同的是，每个网格有两个水深 h，分别定义在速度 u,v 处。

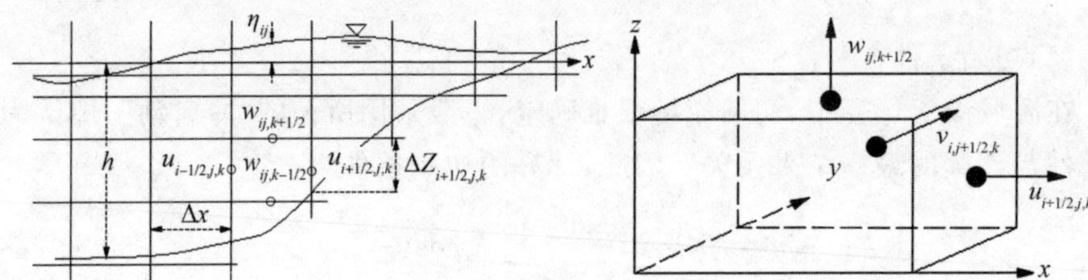

图 2-1 差分网格

2.1.2.2 差分方程

采用半隐半显格式对控制方程进行离散的要点是：动量方程中的水位梯度项和自由表面方程中的速度项用 q－方法离散，垂直涡黏性项作隐式差分离散，其他项作显式离散。从而得到一组将各层上离散的水平流速与水位梯度相连的三对角线性方程组，经整理可得到用水位梯度表示水平流速的形式方程，并证明了此方程组是对称、正定的，可用共轭梯度法直接求解。求出当前时刻的水位场后，各层上的水平流速可由上述的形式方程确定。垂直流速分量则可通过积分连续方程得到。下面给出具体的差分方程。

动量守恒方程(2-2)、方程(2-3)的差分方程如下：

$$u^{n+1}_{i+\frac{1}{2},j,k}=Fu^{n}_{i+\frac{1}{2},j,k}-g\frac{\Delta t}{\Delta x}[\theta(\eta^{n+1}_{i+1,j}-\eta^{n+1}_{i,j})+(1-\theta)(\eta^{n}_{i+1,j}-\eta^{n}_{i,j})]$$
$$+\Delta t\frac{\nu_{k+\frac{1}{2}}\dfrac{u^{n+1}_{i+\frac{1}{2},j,k+1}-u^{n+1}_{i+\frac{1}{2},j,k}}{\Delta z_{i+\frac{1}{2},j,k+\frac{1}{2}}}-\nu_{k-\frac{1}{2}}\dfrac{u^{n+1}_{i+\frac{1}{2},j,k}-u^{n+1}_{i+\frac{1}{2},j,k-1}}{\Delta z_{i+\frac{1}{2},j,k-\frac{1}{2}}}}{\Delta z_{i+\frac{1}{2},j,k}} \tag{2-7}$$

$$v^{n+1}_{i,j+\frac{1}{2},k}=Fv^{n}_{i,j+\frac{1}{2},k}-g\frac{\Delta t}{\Delta y}[\theta(\eta^{n+1}_{i,j+1},-\eta^{n+1}_{i,j})+(1-\theta)(\eta^{n}_{i,j+1}-\eta^{n}_{i,j})]$$
$$+\Delta t\frac{\nu_{k+\frac{1}{2}}\dfrac{v^{n+1}_{i,j+\frac{1}{2},k+1}-v^{n+1}_{i,j+\frac{1}{2},k}}{\Delta z_{i,j+\frac{1}{2},k+1}}-\nu_{k-\frac{1}{2}}\dfrac{v^{n+1}_{i,j+\frac{1}{2},k}-v^{n+1}_{i,j+\frac{1}{2},k-1}}{\Delta z_{i,j+\frac{1}{2},k-\frac{1}{2}}}}{\Delta z_{i,j+\frac{1}{2},k}} \tag{2-8}$$

自由表面方程的离散方程如下：

$$
\begin{aligned}
\eta_{i,j}^{n+1} = \eta_{i,j}^{n} & - \frac{\Delta t}{\Delta x}\theta\left[\sum_{k=m}^{M}\Delta z_{i+\frac{1}{2},j,k}u_{i+\frac{1}{2},j,k}^{n+1} - \sum_{k=m}^{M}\Delta z_{i-\frac{1}{2},j,k}u_{i-\frac{1}{2},j,k}^{n+1}\right] \\
& - \frac{\Delta t}{\Delta y}\theta\left[\sum_{k=m}^{M}\Delta z_{i,j+\frac{1}{2},k}v_{i,j+\frac{1}{2},k}^{n+1} - \sum_{k=m}^{M}\Delta z_{i,j-\frac{1}{2},k}v_{i,j-\frac{1}{2},k}^{n+1}\right] \\
& - \frac{\Delta t}{\Delta x}(1-\theta)\left[\sum_{k=m}^{M}\Delta z_{i+\frac{1}{2},j,k}u_{i+\frac{1}{2},j,k}^{n} - \sum_{k=m}^{M}\Delta z_{i-\frac{1}{2},j,k}u_{i-\frac{1}{2},j,k}^{n}\right] \\
& - \frac{\Delta t}{\Delta y}(1-\theta)\left[\sum_{k=m}^{M}\Delta z_{i,j+\frac{1}{2},k}v_{i,j+\frac{1}{2},k}^{n} - \sum_{k=m}^{M}\Delta z_{i,j-\frac{1}{2},k}v_{i,j-\frac{1}{2},k}^{n}\right]
\end{aligned}
\tag{2-9}
$$

式中 m 和 M 分别代表最底层与最高层的层数。$\Delta z_{i+\frac{1}{2},j,k}$ 和 $\Delta z_{i,j+\frac{1}{2}}$ 通常指的是第 k 层的厚度。但是如果一个差分网格垂向没有被水充满(因为或者是底层或者是自由水面经过了它的垂向面)，那么 $\Delta z_{i+\frac{1}{2},j,k}$ 和 $\Delta z_{i,j+\frac{1}{2}}$ 定义为相应面的有水的高度。

在方程(2-7)、方程(2-8)中，F 是一个显式、非线性的差分项，表示了对流项。$u_t+uu_x+vu_y+wu_z$，$v_t+uv_x+vv_y+wv_z$，水平涡黏性项和柯氏项。

为了降低稳定条件，我们将用欧拉-拉格朗日方法来离散对流项和水平黏性项。

F 表示如下：

$$
\begin{aligned}
Fu_{i+\frac{1}{2},j,k}^{n+1} = {} & u_{i+\frac{1}{2}-a,j-b,k-d}^{n} \\
& + \mu\Delta t\left(\frac{u_{i+\frac{1}{2}-a+1,j-b,k-d}^{n} - 2u_{i+\frac{1}{2}-a,j-b,k-d}^{n} + u_{i+\frac{1}{2}-a-1,j-b,k-d}^{n}}{\Delta x^2}\right. \\
& \left. + \frac{u_{i+\frac{1}{2}-a,j-b+1,k-d}^{n} - 2u_{i+\frac{1}{2}-a,j-b,k-d}^{n} + u_{i+\frac{1}{2}-a,j-b-1,k-d}^{n}}{\Delta y^2}\right) \\
& + f\Delta t v_{i+\frac{1}{2}-a,j-b,k-d}^{n}
\end{aligned}
\tag{2-10}
$$

$$
\begin{aligned}
Fv_{i,j+\frac{1}{2},k}^{n+1} = {} & v_{i-a,j+\frac{1}{2}-b,k-d}^{n} \\
& + \mu\Delta t\left(\frac{v_{i-a+1,j+\frac{1}{2}-b,k-d}^{n} - 2v_{i-a,j+\frac{1}{2}-b,k-d}^{n} + v_{i-a-1,j+\frac{1}{2}-b,k-d}^{n}}{\Delta x^2}\right. \\
& \left. + \frac{v_{i-a,j+\frac{1}{2}-b+1,k-d}^{n} - 2v_{i-a,j+\frac{1}{2}-b,k-d}^{n} + v_{i-a,j+\frac{1}{2}-b-1,k-d}^{n}}{\Delta y^2}\right) - f\Delta t u_{i-a,j+\frac{1}{2}-b,k-d}^{n}
\end{aligned}
\tag{2-11}
$$

这里 $a=u\Delta t/\Delta x$，$b=v\Delta t/\Delta y$，$c=w\Delta t/\Delta z$ 是网格跨越数。需要注意的是，方程(2-10)和方程(2-11)的物理意义。以方程(2-10)为例：在 t_{n+1} 时刻、(i,j,k) 点及其附近点的速度 u 与 t_n 时刻、$(i-a,j-b,k-d)$ 点及其附近点的速度有关。而

且$(i-a,j-b,k-d)$代表的这个点在t_{n+1}时刻经过(i,j,k)点的流线上。因此，方程(2-10)不仅仅是简单的算法，而且正确地体现了对流与扩散。

通常来说，a，b和d都不是整数。因此，$(i-a,j-b,k-d)$不是一个定义的网格点，所以必须用差值公式来定义$u^n_{i-a,j-b,k-d}$。方程(2-10)和方程(2-11)的稳定性、数值扩散、伪振动都依赖选定的差值函数。这里选用根据周围8个点的线性插值。对于正数a，b和d，让l，m和n分别代表它们的整数部分，p，q和r作为它们相应的小数部分，这样：

$$a=l+p,b=m+q,d=n+r$$

那么$u^n_{i-a,j-b,k-d}$可以近似为：

$$\begin{aligned}u^n_{i-a,j-b,k-d}=&(1-r)\{(1-p)[(1-q)u^n_{i-l,j-m,k-n}+qu^n_{i-l,j-m-1,k-n}]\\&+p[(1-q)u^n_{i-l-1,j-m,k-n}+qu^n_{i-l-1,j-m-1,k-n}]\}\\&+r\{(1-p)[(1-q)u^n_{i-1,j-m,k-n-1}+qu^n_{i-l,j-m-1,k-n-1}]\\&+p[(1-q)u^n_{i-l-1,j-m,k-n-1}+qu^n_{i-l-1,j-m-1,k-n-1}]\}\end{aligned}\tag{2-12}$$

在方程(2-7)和方程(2-8)中自由表面以上或者海床底以下的速度值u和v以边界条件方程(2-5)和方程(2-6)的形式给出，差分格式如下：

$$\nu_{i+\frac{1}{2},j,M+\frac{1}{2}}\frac{u^{n+1}_{i+\frac{1}{2},j,M+1}-u^{n+1}_{i+\frac{1}{2},j,M}}{\Delta z_{i+\frac{1}{2},j,M+\frac{1}{2}}}=\tau^w_x\tag{2-13}$$

$$\nu_{i,j+\frac{1}{2},M+\frac{1}{2}}\frac{v^{n+1}_{i,j+\frac{1}{2},M+1}-v^{n+1}_{i,j+\frac{1}{2},M}}{\Delta z_{i,j+\frac{1}{2},j,M+\frac{1}{2}}}=\tau^w_y\tag{2-14}$$

和

$$\nu_{i+\frac{1}{2},j,m-\frac{1}{2}}\frac{u^{n+1}_{i+\frac{1}{2},j,m}-u^{n+1}_{i+\frac{1}{2},j,m-1}}{\Delta z_{i+\frac{1}{2},j,m-\frac{1}{2}}}=\gamma^{n+\frac{1}{2}}_{i+\frac{1}{2},j,m}u^{n+1}_{i+\frac{1}{2},j,m}\tag{2-15}$$

$$\nu_{i,j+\frac{1}{2},m-\frac{1}{2}}\frac{v^{n+1}_{i,j+\frac{1}{2},m}-v^{n+1}_{i,j+\frac{1}{2},m-1}}{\Delta z_{i,j+\frac{1}{2},m-\frac{1}{2}}}=\gamma^{n+\frac{1}{2}}_{i,j+\frac{1}{2},m}u^{n+1}_{i,j+\frac{1}{2},m}\tag{2-16}$$

2.1.2.3 差分方程的求解

假如计算区域分为$N_x\times N_y\times N_z$个计算网格，方程(2-7)～方程(2-9)组成了一个$N_xN_y(2N_z+1)$线性体系。为了计算新的变量$u^{n+1}_{i+\frac{1}{2},j,k}$，$v^{n+1}_{i,j+\frac{1}{2},k}$和$\eta^{n+1}_{i,j}$，这个体系在每个时间步长都需要计算。

可以推算，即使是适度的N_x，N_y和N_z，这个$N_xN_y(2N_z+1)$线性体系也非常巨大。

方程(2-7)～方程(2-9)的体系首先分为一套$2N_xN_y$个独立的N_z三对角方程和一个N_xN_y的五对角方程。这样方程(2-7)～方程(2-9)可以先写成如下的矩阵

形式：

$$\boldsymbol{A}_{i+\frac{1}{2},j}^{n}\boldsymbol{U}_{i+\frac{1}{2},j}^{n+1}=G_{i+\frac{1}{2},j}^{n}-g\frac{\Delta t}{\Delta x}\left[\theta(\eta_{i+1,j}^{n+1}-\eta_{i,j}^{n+1})\right]\boldsymbol{\Delta Z}_{i+\frac{1}{2},j}^{n} \tag{2-17}$$

$$\boldsymbol{A}_{i,j+\frac{1}{2}}^{n}\boldsymbol{V}_{i,j+\frac{1}{2}}^{n+1}=\boldsymbol{G}_{i,j+\frac{1}{2}}^{n}-g\frac{\Delta t}{\Delta y}\left[\theta(\eta_{i,j+1}^{n+1}-\eta_{i,j}^{n+1})\right]\boldsymbol{\Delta Z}_{i,j+\frac{1}{2}}^{n} \tag{2-18}$$

$$\begin{aligned}\eta_{i,j}^{n+1}=\boldsymbol{\delta}_{i,j}^{n}&-\frac{\Delta t}{\Delta x}\theta\left[(\Delta Z_{i+\frac{1}{2},j}^{n})^{T}\boldsymbol{U}_{i+\frac{1}{2},j}^{n+1}-(\boldsymbol{\Delta Z}_{i-\frac{1}{2},j}^{n})^{T}\boldsymbol{U}_{i-\frac{1}{2},j}^{n+1}\right]\\&-\frac{\Delta t}{\Delta y}\theta\left[(\Delta Z_{i,j+\frac{1}{2}}^{n})^{T}\boldsymbol{V}_{i,j+\frac{1}{2}}^{n+1}-(\boldsymbol{\Delta Z}_{i,j-\frac{1}{2}}^{n})^{T}\boldsymbol{V}_{i,j-\frac{1}{2}}^{n+1}\right]\end{aligned} \tag{2-19}$$

这里的 $\boldsymbol{U}$, $\boldsymbol{V}$, $\boldsymbol{\Delta Z}$, $\boldsymbol{G}$, $\boldsymbol{\delta}$ 和 $\boldsymbol{A}$ 的定义如下：

$$\boldsymbol{U}_{i+\frac{1}{2},j}^{n+1}=\begin{pmatrix}u_{i+\frac{1}{2},j,M}^{n+1}\\u_{i+\frac{1}{2},j,M-1}^{n+1}\\\vdots\\u_{i+\frac{1}{2},j,m+1}^{n+1}\\u_{i+\frac{1}{2},j,m}^{n+1}\end{pmatrix},\boldsymbol{V}_{i,j+\frac{1}{2}}^{n+1}=\begin{pmatrix}v_{i,j+\frac{1}{2},M}^{n+1}\\v_{i,j+\frac{1}{2},M-1}^{n+1}\\\vdots\\v_{i,j+\frac{1}{2},m+1}^{n+1}\\v_{i,j+\frac{1}{2},m}^{n+1}\end{pmatrix},\boldsymbol{\Delta Z}=\begin{pmatrix}\Delta z_{M}\\\Delta z_{M-1}\\\vdots\\\Delta z_{m+1}\\\Delta z_{m}\end{pmatrix}$$

$$\boldsymbol{G}_{i+\frac{1}{2},j}^{n}=\begin{pmatrix}\Delta z_{M}\left[Fu_{i+\frac{1}{2},j,M}^{n}-g\frac{\Delta t}{\Delta x}(1-\theta)(\eta_{i+1,j}^{n}-\eta_{i,j}^{n})\right]+\Delta t\tau_{x}^{w}\\\Delta z_{M-1}\left[Fu_{i+\frac{1}{2},j,M-1}^{n}-g\frac{\Delta t}{\Delta x}(1-\theta)(\eta_{i+1,j}^{n}-\eta_{i,j}^{n})\right]\\\vdots\\\Delta z_{m+1}\left[Fu_{i+\frac{1}{2},j,m+1}^{n}-g\frac{\Delta t}{\Delta x}(1-\theta)(\eta_{i+1,j}^{n}-\eta_{i,j}^{n})\right]\\\Delta z_{m}\left[Fu_{i+\frac{1}{2},j,m}^{n}-g\frac{\Delta t}{\Delta x}(1-\theta)(\eta_{i+1,j}^{n}-\eta_{i,j}^{n})\right]\end{pmatrix}$$

$$\boldsymbol{G}_{i,j+\frac{1}{2}}^{n}=\begin{pmatrix}\Delta z_{M}\left[Fv_{i,j+\frac{1}{2},M}^{n}-g\frac{\Delta t}{\Delta y}(1-\theta(\eta_{i,j+1}^{n}-\eta_{i,j}^{n})\right]+\Delta t\tau_{y}^{w}\\\Delta z_{M-1}\left[Fv_{i,j+\frac{1}{2},M-1}^{n}-g\frac{\Delta t}{\Delta y}(1-\theta)(\eta_{i,j+1}^{n}-\eta_{i,j}^{n})\right]\\\vdots\\\Delta z_{m+1}\left[Fv_{i,j+\frac{1}{2},m+1}^{n}-g\frac{\Delta t}{\Delta y}(1-\theta)(\eta_{i,j+1}^{n}-\eta_{i,j}^{n})\right]\\\Delta z_{m}\left[Fv_{i,j+\frac{1}{2},m}^{n}-g\frac{\Delta t}{\Delta y}(1-\theta)(\eta_{i,j+1}^{n}-\eta_{i,j}^{n})\right]\end{pmatrix}$$

$$\begin{aligned}\boldsymbol{\delta}_{i,j}^{n}=\eta_{i,j}^{n}&-\frac{\Delta t}{\Delta x}(1-\theta)\left[(\Delta Z_{i+\frac{1}{2},j})^{T}U_{i+\frac{1}{2},j}^{n}-(\Delta Z_{i-\frac{1}{2},j})^{T}U_{i-\frac{1}{2},j}^{n}\right]\\&-\frac{\Delta t}{\Delta y}(1-\theta)\left[(\Delta Z_{i,j+\frac{1}{2}})^{T}V_{i,j+\frac{1}{2}}^{n}-(\Delta Z_{i,j-\frac{1}{2}})^{T}V_{i,j-\frac{1}{2}}^{n}\right]\end{aligned}$$

$$\boldsymbol{A}=\begin{pmatrix}\Delta Z_M+a_{M-\frac{1}{2}} & -a_{M-\frac{1}{2}} & & 0\\ -a_{M-\frac{1}{2}} & \Delta Z_{M-1}+a_{M-\frac{1}{2}}+a_{M-\frac{3}{2}} & -a_{M-\frac{3}{2}} & \\ \vdots & \vdots & \vdots & \vdots\\ 0 & & -a_{m+\frac{1}{2}} & \Delta Z_m+a_{m+\frac{1}{2}}+\gamma\Delta t\end{pmatrix}$$

其中，$a_k=\dfrac{\nu_k\Delta t}{\Delta z_k}$。

将方程(2-17)和方程(2-18)中 $U_{i\pm\frac{1}{2},j}^{n+1}$ 和 $V_{i,j\pm\frac{1}{2}}^{n+1}$ 的代换形式代入方程中，可以得到：

$$\begin{aligned}\eta_{i,j}^{n+1}&-g\frac{\Delta t^2}{\Delta x^2}\theta^2\Big\{[(\Delta Z)^TA^{-1}\Delta Z]_{i+\frac{1}{2},j}^{n}(\eta_{i+1,j}^{n+1}-\eta_{i,j}^{n+1})\\&-[(\Delta Z)^TA^{-1}\Delta Z]_{i-\frac{1}{2},j}^{n}(\eta_{i,j}^{n+1}-\eta_{i-1,j}^{n+1})\Big\}\\&-g\frac{\Delta t^2}{\Delta y^2}\theta^2\Big\{[(\Delta Z)^TA^{-1}\Delta Z]_{i,j+\frac{1}{2}}^{n}(\eta_{i,j+1}^{n+1}-\eta_{i,j}^{n+1})\\&-[(\Delta Z)^TA^{-1}\Delta Z]_{i,j-\frac{1}{2}}^{n}(\eta_{i,j}^{n+1}-\eta_{i,j-1}^{n+1})\Big\}\\=\delta_{i,j}^{n}&-\frac{\Delta t}{\Delta x}\theta\Big\{[(\Delta Z)^TA^{-1}G]_{i+\frac{1}{2},j}^{n}-[(\Delta Z)^TA^{-1}G]_{i-\frac{1}{2},j}^{n}\Big\}\\&-\frac{\Delta t}{\Delta y}\theta\Big\{[(\Delta Z)^TA^{-1}G]_{i,j+\frac{1}{2}}^{n}-[(\Delta Z)^TA^{-1}G]_{i,j-\frac{1}{2}}^{n}\Big\}\end{aligned}\tag{2-20}$$

由于 A 是正定的，A^{-1} 也是正定的，那么 $(\Delta Z)^TA^{-1}\Delta Z$ 是非负数。这样方程组成了一个关于 $\eta_{i,j}^{n+1}$ 的 N_xN_y 线性五对角体系。这个体系是对称和正定的。因此，可以用一个特别高效的方法——共轭梯度法来求解。这种方法可以很大程度地提高运算效率。

首先将方程(2-20)改写成以下形式：

$$d_{i,j}^{n}\eta_{i,j}^{n+1}-s_{i+1/2,j}^{n}\eta_{i+1,j}^{n+1}-s_{i-1/2,j}^{n}\eta_{i-1,j}^{n+1}-s_{i,j+1/2}^{n}\eta_{i,j+1}^{n+1}-s_{i,j-1/2}^{n}\eta_{i,j-1}^{n+1}=q_{i,j}^{n}\tag{2-21}$$

这里

$$s_{i\pm1/2,j}^{n}=g\frac{\Delta t^2}{\Delta x^2}[(\Delta Z)^TA^{-1}\Delta Z]_{i\pm1/2,j}^{n},\ s_{i,j\pm1/2}^{n}=g\frac{\Delta t^2}{\Delta y^2}[(\Delta Z)^TA^{-1}\Delta Z]_{i,j\pm1/2}^{n},$$

$$d_{i,j}^{n}=1+s_{i+1/2,j}^{n}+s_{i-1/2,j}^{n}+s_{i,j+1/2}^{n}+s_{i,j-1/2}^{n},$$

$$\begin{aligned}q_{i,j}^{n}=\eta_{i,j}^{n}&-\frac{\Delta t}{\Delta x}\Big\{[(\Delta Z)^TA^{-1}G]_{i+1/2,j}^{n}-[(\Delta Z)^TA^{-1}G]_{i-1/2,j}^{n}\Big\}\\&-\frac{\Delta t}{\Delta y}\Big\{[(\Delta Z)^TA^{-1}G]_{i,j+1/2}^{n}-[(\Delta Z)^TA^{-1}G]_{i,j-1/2}^{n}\Big\},\end{aligned}$$

也可以将方程写成：

$$\sqrt{(d_{i,j}^{n})}\eta_{i,j}^{n+1}-\frac{s_{i+1/2,j}^{n}}{\sqrt{(d_{i,j}^{n}d_{i+1,j}^{n})}}\sqrt{(d_{i+1,j}^{n})}\eta_{i+1,j}^{n+1}$$

$$-\frac{s_{i-1/2,j}^{n}}{\sqrt{(d_{i,j}^{n}d_{i-1,j}^{n})}}\sqrt{(d_{i-1,j}^{n})}\eta_{i-1,j}^{n+1}-\frac{s_{i,j+1/2}^{n}}{\sqrt{(d_{i,j}^{n}d_{i,j+1}^{n})}}\sqrt{(d_{i,j+1}^{n})}\eta_{i,j+1}^{n+1}$$

$$-\frac{s_{i,j-1/2}^{n}}{\sqrt{(d_{i,j}^{n}d_{i,j-1}^{n})}}\sqrt{(d_{i,j-1}^{n})}\eta_{i,j-1}^{n+1}=\frac{q_{i,j}^{n}}{\sqrt{(d_{i,j}^{n})}} \tag{2-22}$$

将变量$\sqrt{(d_{i,j}^{n})}\eta_{i,j}^{n+1}$用$e_{i,j}$代替，方程(2-22)等同于：

$$e_{i,j}-a_{i+1/2,j}e_{i+1,j}-a_{i-1/2,j}e_{i-1,j}-a_{i,j+1/2}e_{i,j+1}-a_{i,j-1/2}e_{i,j-1}=b_{i,j} \tag{2-23}$$

这里 $a_{i\pm1/2,j}=\frac{s_{i\pm1/2,j}^{n}}{\sqrt{(d_{i,j}^{n}d_{i\pm1,j}^{n})}}$，$a_{i,j\pm1/2}=\frac{s_{i,j\pm1/2}^{n}}{\sqrt{(d_{i,j}^{n}d_{i,j\pm1}^{n})}}$，$b_{i,j}=\frac{q_{i,j}^{n}}{\sqrt{(d_{i,j}^{n})}}$。

注意这里的上标已经被省略，但是方程(2-23)中的系数$a_{i\pm1/2,j}$，$a_{i,j\pm1/2}$，$b_{i,j}$和未知量$e_{i,j}$都依赖时间步长。注意方程(2-23) 中的系数$a_{i\pm1/2,j}$，$a_{i,j\pm1/2}$是非负的。这样由这些方程组成的体系是标准化、对称和正定的。

用共轭梯度法求解方程(2-23)有以下几步：

(a)假设$e_{i,j}^{(0)}$。

(b)令$p_{i,j}^{(0)}=r_{i,j}^{(0)}=e_{i,j}^{(0)}-a_{i+1/2,j}e_{i+1,j}^{(0)}-a_{i-1/2,j}e_{i-1,j}^{(0)}-a_{i,j+1/2}e_{i,j+1}^{(0)}-a_{i,j-1/2}e_{i,i-1}^{(0)}-b_{i,j}$。

(c)对$k=0,1,2,\cdots$直到$(r^{(k)},r^{(k)})<\varepsilon$，计算。

$$e_{i,j}^{(k+1)}=e_{i,j}^{(k)}-\alpha^{(k)}p_{i,j}^{(k)},$$

其中

$$\begin{aligned}\alpha^{(k)}&=\frac{(r^{(k)},r^{(k)})}{(p^{(k)},Mp^{(k)})},\\ r_{i,j}^{(k+1)}&=r_{i,j}^{(k)}-\alpha^{(k)}(Mp^{(k)})_{i,j},\\ p_{i,j}^{(k+1)}&=r_{i,j}^{(k+1)}+\beta^{(k)}p_{i,j}^{(k)},\end{aligned} \tag{2-24}$$

其中

$$\beta^{(k)}=\frac{(r^{(k+1)},r^{(k+1)})}{(r^{(k)},r^{(k)})}$$

方程(2-24)中的Mp表示为：

$$(Mp^{(k)})_{i,j}=p_{i,j}^{(k)}-a_{i+1/2,j}p_{i+1,j}^{(k)}-a_{i-1/2,j}p_{i-1,j}^{(k)}-a_{i,j+1/2}p_{i,j+1}^{(k)}-a_{i,j-1/2}p_{i,j-1}^{(k)} \tag{2-25}$$

这样就可以求出$n+1$时刻的波面升高了。

一旦新的波面升高确定出来，方程(2-16)和方程(2-17)组成了一个简单的关于$2N_xN_y$的线性、三对角方程组，每个方程组有N_z个方程。所有这些方程都是彼此独立、对称和正定的。这样速度$u_{i+\frac{1}{2},j}^{n+1}$，$v_{i,j+1/2}^{n+1}$就可以直接方便地解出来。

最后将连续方程(2-1)离散，并设$w_{i,j,m-\frac{1}{2}}^{n+1}=0$，就可以解出新时刻的垂向速度分量：

$$w_{i,j,k+\frac{1}{2}}^{n+1}=w_{i,j,k-\frac{1}{2}}^{n+1}-\frac{\Delta z_{i+\frac{1}{2},j,k}^{n}u_{i+\frac{1}{2},j,k}^{n+1}-\Delta z_{i-\frac{1}{2},j,k}^{n}u_{i-\frac{1}{2},j,k}^{n+1}}{\Delta x}$$

$$-\frac{\Delta z_{i,j+\frac{1}{2},k}^{n} v_{i,j+\frac{1}{2},k}^{n+1}-\Delta z_{i,j-\frac{1}{2},k}^{n} v_{i,j-\frac{1}{2},k}^{n+1}}{\Delta y},k=m,m+1,\cdots,M$$

2.1.2.4 差分格式的稳定性

可以证明，这种差分模式在 $\frac{1}{2}\leqslant\theta\leqslant 1$ 的情况下满足下面的 CFL 稳定条件是[2]：

$$\Delta t\leqslant\left[2\mu\left(\frac{1}{\Delta x^2}+\frac{1}{\Delta y^2}\right)\right]^{-1}$$

当 $\mu=0$ 时恒稳定。

差分模式在 $\theta<\frac{1}{2}$ 时不稳定；

在 $\frac{1}{2}\leqslant\theta\leqslant 1$ 时稳定；

在 $\theta=\frac{1}{2}$ 时精确性与效率最高；

因此，本模型中采用 $\theta=\frac{1}{2}$。

2.1.3 流程图

程序的流程图如图 2-2 所示。

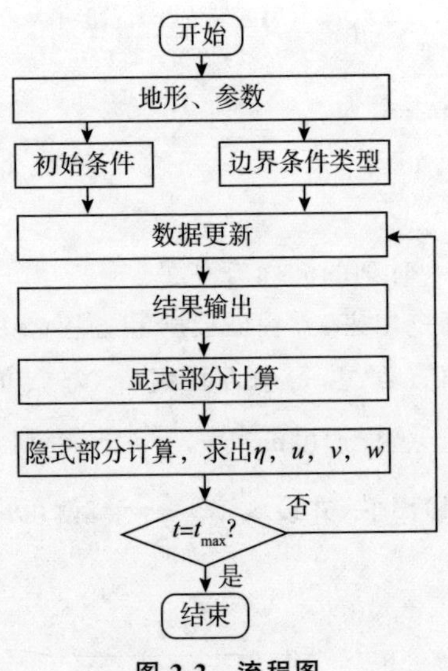

图 2-2 流程图

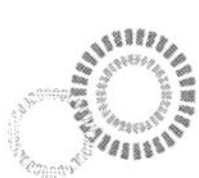

2.2　数值实验

在把这个三维潮流模型应用到实际水域之前，我们有必要进行数值实验，通过模拟简单的、有解析解的海域的潮流情况来验证该模型的准确性与合理性。

2.2.1　实验模型

数值实验的模型如图 2-3 所示。

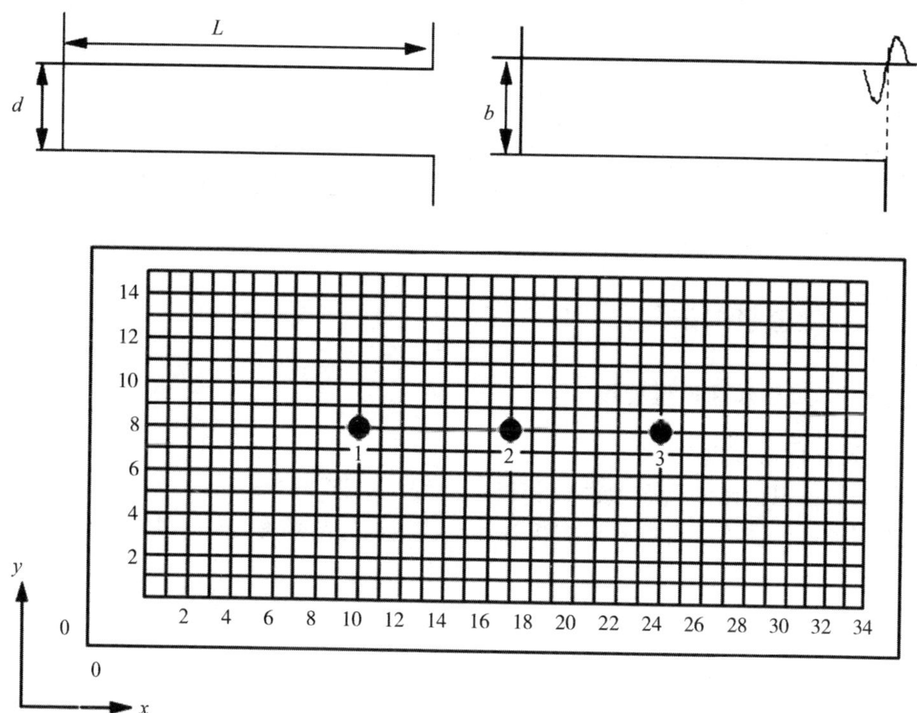

图 2-3　数值实验的模型及其水平网格

实验水域为一矩形水域，水深 $d=10$ m，长 $L=3.4$ km，宽 $b=1.5$ km。在右端开边界处作用有振幅为 0.5 m 的余弦形式的潮[4]。

由于水域不大，并且上、下、左面是固边界，我们需要选定最不受固定边界干扰的 2 点作为对照点。为了检验潮的传播，再分别选定 2 的前后各一个点，即点 1 与点 3 进行计算对照。

2.2.2　解析解

根据 Ippen(1966)[5] 的理论，对于此种水域情况，有如下的解析解：

$$\eta = A\cos(\omega t) \tag{2-26}$$

$$u(x,t) = \frac{A\omega x}{h}\sin(\omega t) \tag{2-27}$$

其中:A 为潮振幅;ω 为角频率,$\omega=\frac{2\pi}{T}$;h 为水深;x 为该点到左边界的距离;t 为时间;T 为潮周期;η 为潮波面升高;u 为 x 方向水深平均速度。

2.2.3 计算参数选取

计算参数见表 2-1。

表 2-1 计算参数

计算参数	Δx ,Δy	Δt	垂直分层数	潮周期 T	水平黏性系数	垂直黏性系数	谢才系数
取值	100m	60s	3	12hr	$\mu=0$	$\nu=0.01\text{m}^2/\text{s}$	$C_z=\frac{1}{n}h^{\frac{1}{6}}$,$n=0.026$

2.2.4 数值模拟结果

2.2.4.1 潮位和速度过程线

(1)过程线

数值模拟得出的三点的潮位和速度过程线如图 2-4～图 2-6 所示。这是一个周期以后的结果。可以看出解析解和数值模拟的结果吻合得非常好。

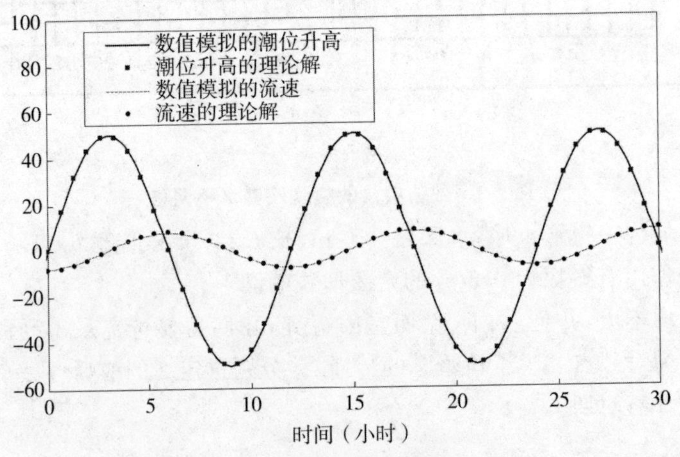

图 2-4 1 点潮位升高和水深平均速度

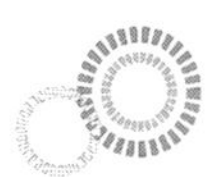

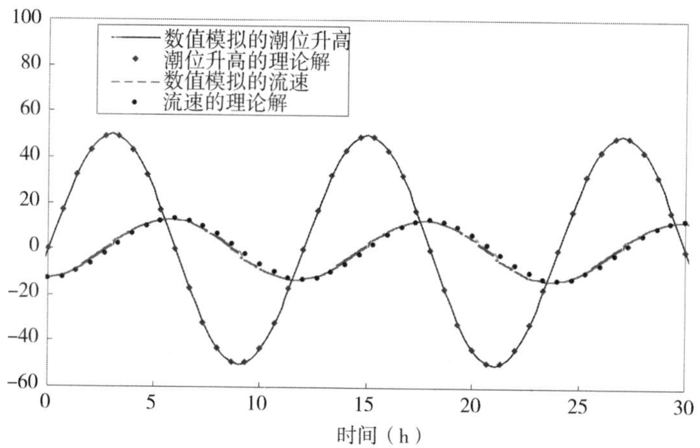

图 2-5　2 点潮位升高和水深平均速度

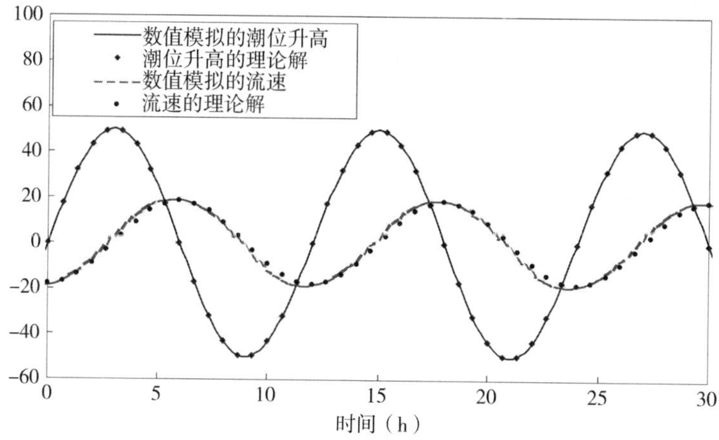

图 2-6　3 点潮位升高和水深平均速度

(2)傅里叶逼近

由数值模拟得到的是潮位和速度的过程线。为了更好地对数值模拟的结果与解析解进行比较,这里采用傅里叶逼近来求解模拟出的潮位过程线和速度过程线的振幅,然后与解析解的振幅进行比较。

取出稳定后的一个周期的潮位过程线 $f(x)$,它是一个以 2π 为周期的平方可积函数,用三角多项式

$$S_n(x) = \frac{1}{2}a_0 + a_1\cos x + b_1\sin x + \cdots + a_L\cos Lx + b_L\sin Lx$$

作最佳平方逼近函数,由于三角函数族

$$1, \cos x, \sin x, \cdots, \cos kx, \sin kx, \cdots, \cos Lx, \sin Lx$$

在$[0,2\pi]$上是正交函数族,于是 $f(x)$在$[0,2\pi]$上的最小平方三角逼近多项式

$S_n(x)$的系数是

$$a_j = \frac{1}{\pi}\int_0^{2\pi} f(x)\cos jx\,\mathrm{d}x \quad (j = 0,1,\cdots,L)$$

$$b_j = \frac{1}{\pi}\int_0^{2\pi} f(x)\sin jx\,\mathrm{d}x \quad (j = 1,2,\cdots,L)$$

称为傅里叶系数，函数 $f(x)$按傅里叶系数展开得到的级数

$$\frac{1}{2}a_0 + \sum_{k=1}^{\infty}(a_j\cos jx + b_j\sin jx)$$

就称为傅里叶级数。

将过程线 $f(x)$均匀地分为 n 段，其中为 n 为奇数，并且设 $n=2L+1$。

设 $x_i=2\pi i/(2L+1)$， $i=0,\cdots,2L$。

经过推导可以得出(过程省)：

$$a_j = \frac{2}{2L+1}\left(\overline{f}_0 + U_{1j}\cos\frac{2\pi j}{2L+1} - U_{2j}\right)$$

$$b_j = \frac{2}{2L+1}U_{1j}\sin\frac{2\pi j}{2L+1}$$

其中 $U_{kj}=f_k+2\cos x_j U_{k+1,j}-U_{k+2,j}$。

这样就可以把一个周期性的过程线的振幅和相位角求出来。

用级数逼近了函数后，存在一个误差：

$$\delta_m^2 = \sum_{i=0}^{2L}\left\{\overline{f}_i - \left[\frac{1}{2}a_0 + \sum_{j=1}^{m}(a_j\cos jx_i + b_j\sin jx_i)\right]\right\}^2$$

$$= \sum_{i=0}^{2L}\overline{f}^2 - \frac{2L+1}{2}\left[\frac{a_0^2}{2} + \sum_{j=1}^{m}(a_j^2 + b_j^2)\right]$$

可以根据对精度的要求和误差的大小选择逼近的阶数。

在这里，采用傅里叶逼近来求出模拟的潮位过程线和速度过程线的振幅。表 2-2 和表 2-3 分别给出了这三个点的潮位、速度的振幅解析解与数值模拟结果的对比。

表 2-2　潮位波面升高对比

节点	数值结果 y(m)	解析解 y_0(m)	误差$=(y-y_0)/y_0*100\%$
1 点	0.50078	0.5	0.156%
2 点	0.50062	0.5	0.124%
3 点	0.50041	0.5	0.082%

表 2-3　水深平均速度对比

节点	数值结果 u(m/s)	解析解 u_0(m/s)	误差$=(u-u_0)/u_0*100\%$
1 点	7.68E−03	8.00E−03	4%
2 点	1.31E−02	1.31E−02	0
3 点	1.91E−02	1.82E−02	4.95%

从上两个表中可以看出，潮位波面升高的最大误差为 0.156%，速度的最大误差为 4.95%。

无论是从过程线还是从振幅的对比图中都可以认为数值结果与解析解吻合得很好。

2.2.4.2　潮位等振幅与等相位角图

为了全面地了解整个计算水域的潮位升高与相位，采用上面的傅里叶逼近，求出水域中均匀分布的 45 个点的潮位升高振幅与相位。等振幅图与等相位图如图 2-7 和图 2-8 所示。从中可以看出，等振幅图与等相位图都略有些不对称，分析是因为 y 向网格数少，并采用交错网格的结果，而且数值上差得不大。但是总体上计算水域的等振幅图和等相位图的趋势是正确的。因此，可以认为模型基本合理，可以进行进一步的验证。

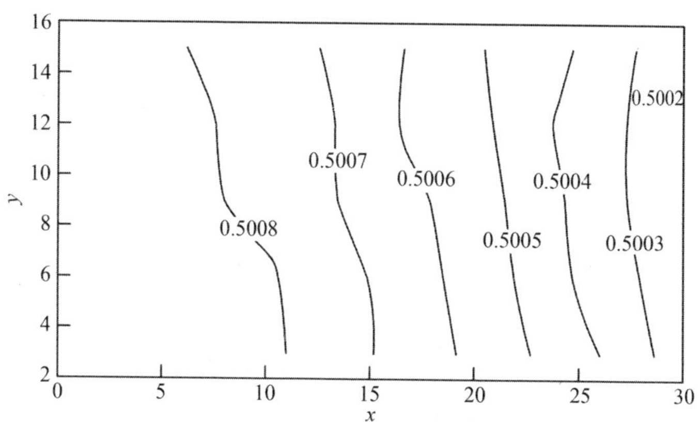

图 2-7　潮位升高等振幅图

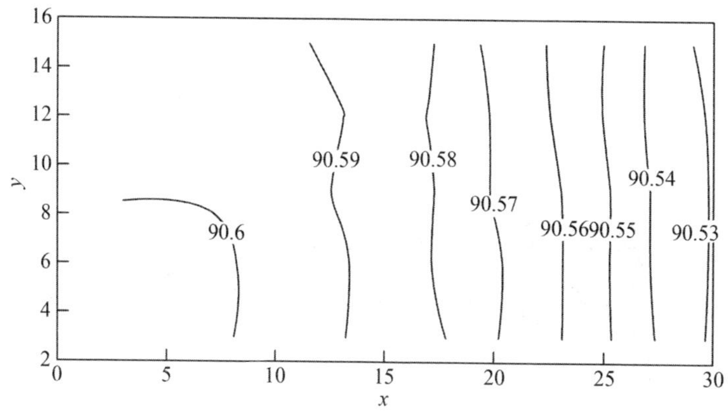

图 2-8　等相位图

2.3 三维潮流数值模型在广岛湾的应用

从19世纪50年代起，日本的经济高速发展。随着人口的增加，工业的发展，污染问题也严重起来。因此，对广岛湾水域的水动力特性进行研究是十分有必要的。

广岛湾是一个典型的闭锁性海域，并且湾内岛屿众多，地形复杂，岸线曲折，潮流在空间上分布十分复杂。利用该模型对该水域的潮流场进行模拟，可以检验该海洋模型对近海水域水动力学特性的预测能力和对复杂地形的适应能力，并借此研究这个水域的污染输移扩散的能力。

2.3.1 模型配置及资料选取

2.3.1.1 资料选取

海图采用日本海上保安厅刊行出版(1987)的“广岛湾北部”1∶50万和“广岛湾南部”1∶50万地图。水深采用理论基准面。验证资料采用潮位站的调和常数和实测潮流资料以及濑户内海大型水理模型的试验结果[6]。广岛湾的地形图如图2-9所示。

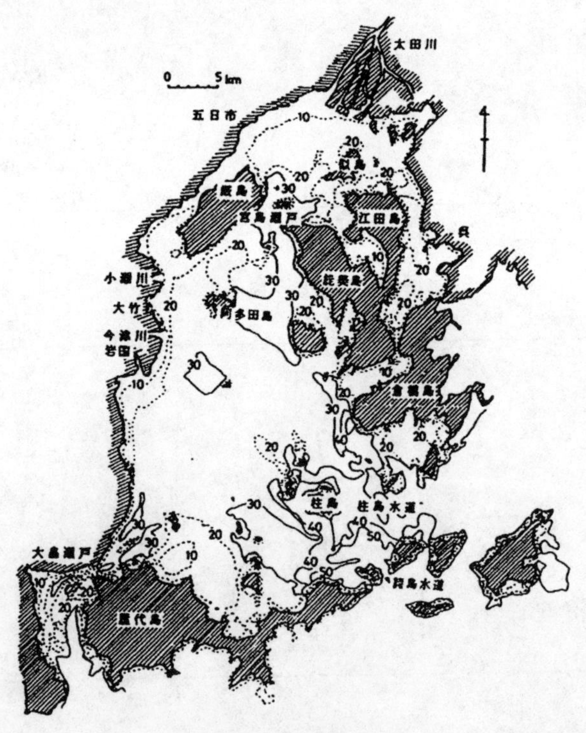

图2-9 广岛湾地形图

从图上可以看出，广岛湾是一个椭圆形的海湾，南北约50km，东西约30km。

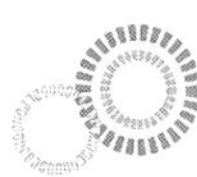

湾内岛屿众多，由于屋代岛很大，而且横卧于湾口，整个湾几乎是封闭的。湾内有两大部分，以宫岛濑户分开。湾的顶部 85%以上的水深小于 20m，湾内非常浅，而且由于太田川河口的存在，大量的河水从湾的北部注入湾内。湾的中央有东西向的柱岛水道和大富濑户两个湾口，这里平均水深约 30m，占全体容量的 85%（约 24km^3）。广岛湾的具体状况如表 2-4 所示[7]。

表 2-4　广岛湾状况

海域	海域状况		
	海域面积(km^2)	平均水深(m)	海水容积(×10^{6}m^3)
广岛湾北部	160	17.7	2833
吴湾	51	20.2	1024
广岛湾西部	241	29.3	7061
广岛湾南部	560	29.9	16733

2.3.1.2　计算区域

由于在东南方向受到外海潮波的作用，为了计算方便，选用如图 2-10 所示的计算区域，将原地形向东旋转了 40°。网格分布如图所示。

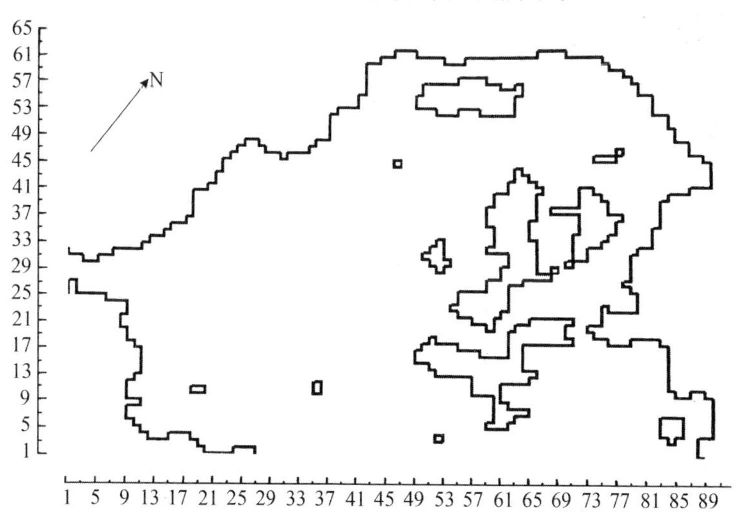

图 2-10　计算区域

2.3.1.3　边界条件的确定

根据广岛湾的潮汐特点，受外海前进潮波控制，判定这个海域的主要控制分潮为 M_2 分潮。因此，这里模拟的海潮为 M_2 分潮。周期取 12 小时。

在开边界上，采用潮位控制。在湾的北部有流边界条件。

在诸岛水道(Hashirajimasuido)和仓桥岛(Kurahashishima)处有潮位站,该两处的调和常数已知。对于大富濑户(Otomoseto)和吴(Keru)处的调和常数,试不同的潮位振幅和迟角,使计算出的各潮位测站和潮流值与该处的调和常数和潮流椭圆尽量一致。认为在开边界上,潮位振幅和迟角呈线性变化。

最后确定的开边界条件如表 2-5 所示。

表 2-5 开边界条件

测站	潮位振幅 (cm)	迟角 (°)
诸岛水道	98	265
仓桥岛	90	276
大富濑户	1	230
吴	110	288.6

2.3.1.4 对比资料

共有 7 个测点站的潮位调和常数资料,如表 2-6 和图 2-11 所示。

表 2-6 潮位调和常数

序号	测站	振幅(cm)	相位迟角(°)
1	宇品	101.95	278.3
2	敢岛	103	277
3	大野濑户	99	277
4	江田内	99	278
5	音户濑户	92	280
6	鹿老渡	90	276
7	诸岛水道	98	265

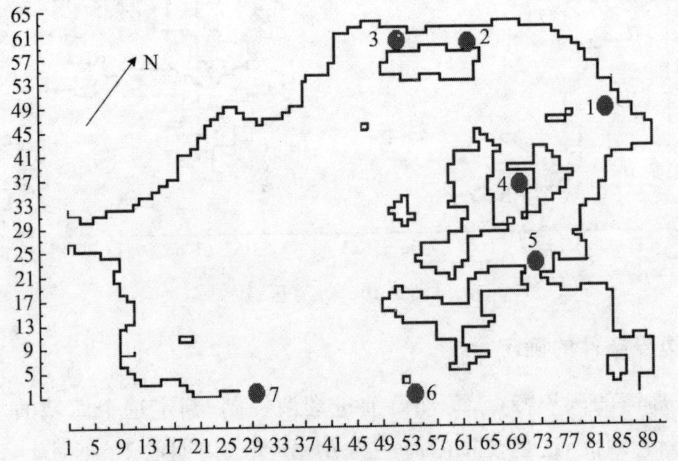

图 2-11 潮位测站点

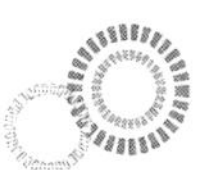

共有 6 个点的潮流椭圆实测资料，但是由于该资料是在 19 世纪 50 年代时测量的，并且潮流的测量相对于潮位的测量比较困难，为了更好地验证数值模拟的结果，这里除了采用这个实测资料，还采用了一个物理模型的实验结果进行验证。这个模型是由位于日本广岛县吴市的通产省工业技术院中国工业技术研究所做的濑户内海大型水理模型[8]。

这个模型于 1972 年 2 月动工，1973 年完工。它是一个钢结构房屋。高 23m，长 230m，实验场的面积约为 17300m^2。它模拟了整个濑户内海的潮流情况。该模型水平缩尺 1/2000，垂直缩尺 1/159，按照日本海上保安厅提供的海图建造地形。水面面积约 7500m^2，一次使用水量约为 5000t。

该模型的平面图如图 2-12 所示。在这个模型内，有纪伊水道、丰后水道和关门海峡三处造潮汐。在中央制御室里有计算机控制潮汐发生和运转系统。这是当时世界上最大规模的水理模型实验场。

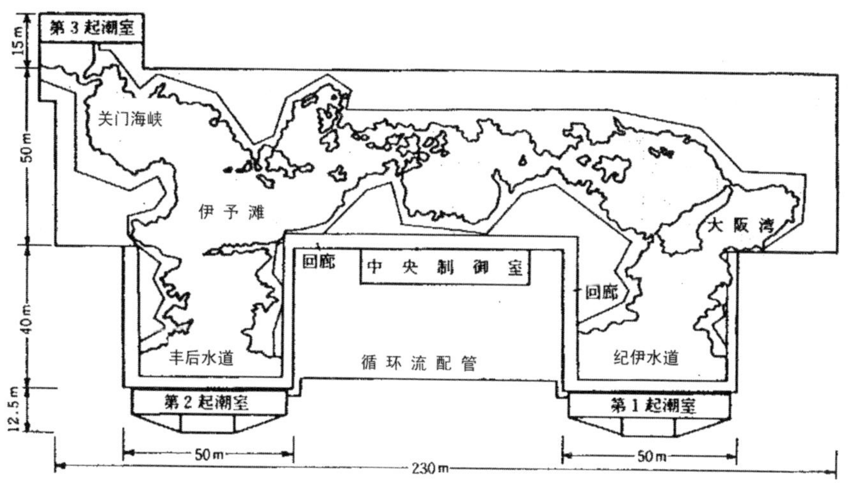

图 2-12　濑户内海大型水理模型平面图

这个大型的水理模型用来研究濑户内海的海流情况，污染物的扩散情况，海水交换情况，以及潮流的改善与濑户内海全域的水质保护问题。

这 6 个点的实测和模型实验的潮流椭圆值见表 2-7，测站点分布如图 2-13 所示。

表 2-7　潮流椭圆资料

点	实测潮流椭圆要素			模型实验椭圆要素		
	长轴(cm/sec)	短轴(cm/sec)	方向(度)	长轴(cm/sec)	短轴(cm/sec)	方向(度)
1	13.376	1.543	47	8.662	0.382	62.04
2	14.919	1.029	338	7.997	0.180	153.70
3	21.092	4.630	36	16.005	2.322	33.41

续表

点	实测潮流椭圆要素			模型实验椭圆要素		
	长轴(cm/sec)	短轴(cm/sec)	方向(度)	长轴(cm/sec)	短轴(cm/sec)	方向(度)
4	5.659	1.543	13	5.962	1.080	19.64
5	12.347	0.000	0	9.183	0.462	335.25
6	249.51	0.000	90	263.29	14.929	59.78

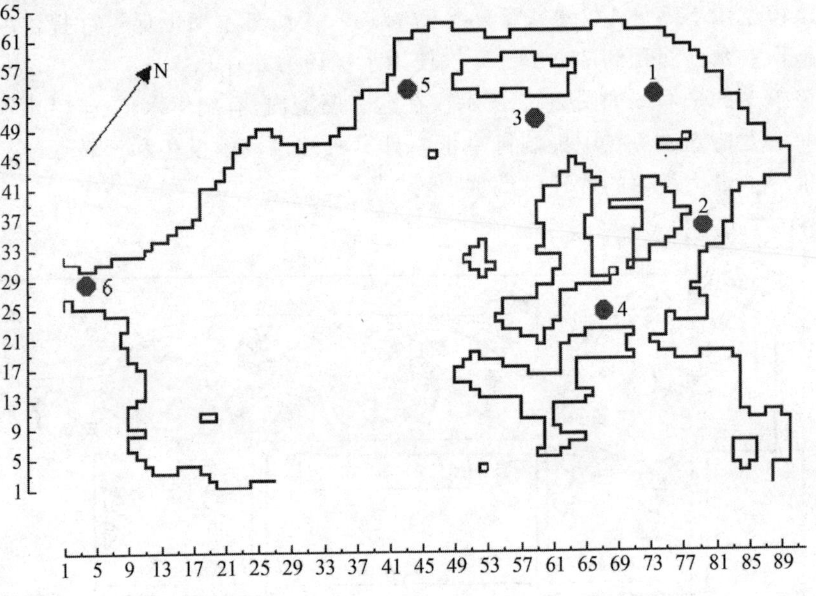

图 2-13 潮流测站点

2.3.1.5 计算参数的选取

计算参数的选取如表 2-8 所示。

表 2-8 计算参数

参数	空间步长	时间步长	垂向层数	潮周期	水平黏性系数	垂向黏性系数	谢才系数
规格	600m	60s	5	12hr	$\mu=1.0\text{E}-1(\text{m}^2/\text{s})$	$\nu=2.0\text{E}-2(\text{m}^2/\text{s})$	$C_z=\frac{1}{n}h^{\frac{1}{6}}$, $n=0.001$

2.3.2　数值模拟结果

2.3.2.1　潮位

经过数值模拟，得到了这 7 个潮位站的潮位过程线。为了更好地比较模拟的潮位升高和相位迟角与调和常数的关系，这里采用傅里叶逼近来求出模拟的潮位升高和相位迟角[4]。表 2-9 列出的是一次逼近的结果。

表 2-9　潮位升高

测站	实测值(cm)	模拟结果(cm)	Δh(cm)	$(\Delta h)^2$(cm^2)
宇品	101.95	101.83	−0.12	0.0144
敢岛	103	101.91	−1.09	1.1881
大野濑户	99	99.53	0.53	0.2809
江田内	99	99.83	0.83	0.6889
音户濑户	92	92.39	0.39	0.1521
鹿老渡	90	89.93	−0.07	0.0049
诸岛水道	98	97.42	−0.58	0.3364
Σ				2.6657

数值模拟得到的潮位升高结果如图 2-14 所示。

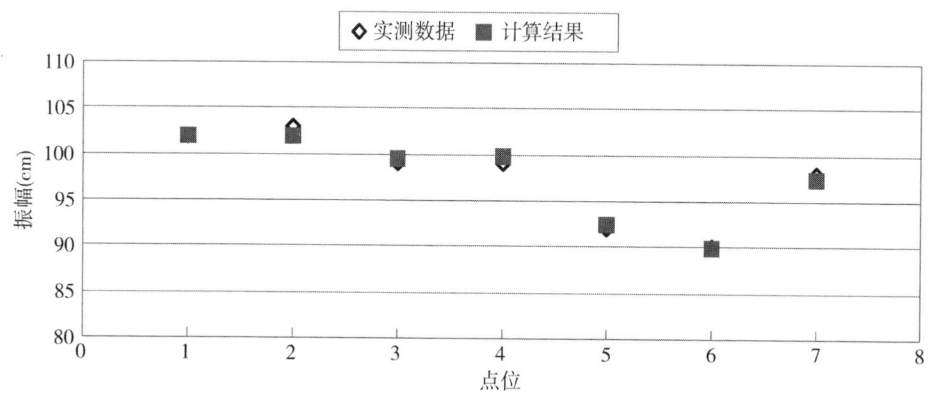

图 2-14　潮位升高

数值模拟得到的相位迟角结果如表 2-10、图 2-15 所示。

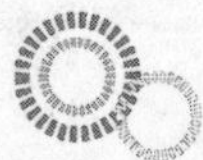

表 2-10 相位迟角

测站	实测值(度)	模拟结果(度)	Δk(度)	$(\Delta k)^2$(度^2)
宇品	278.3	273.9	−4.4	19.36
敢岛	277	276.3	−3.7	13.69
大野濑户	277	272.8	−4.2	17.64
江田内	278	274.2	−3.8	14.44
音户濑户	280	276.0	−4.0	16
鹿老渡	276	273.1	0.1	0.01
诸岛水道	265	267.3	2.3	5.29
Σ				86.43

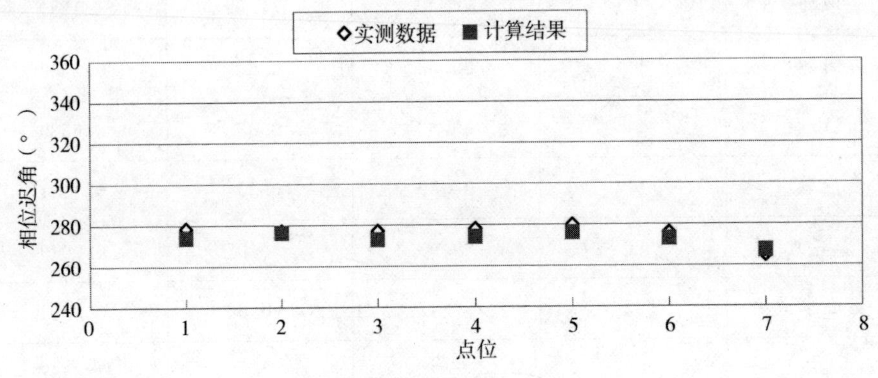

图 2-15 相位迟角

这 7 个测站的潮位过程线如图 2-16～图 2-22 所示。实线为观测值,虚线为计算值。

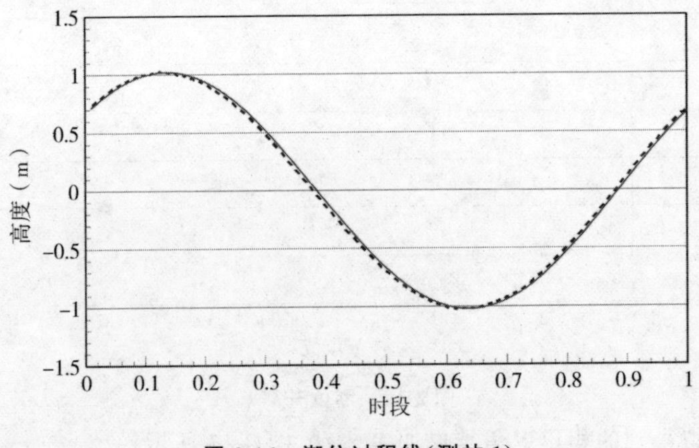

图 2-16 潮位过程线(测站 1)

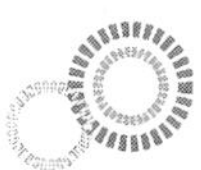

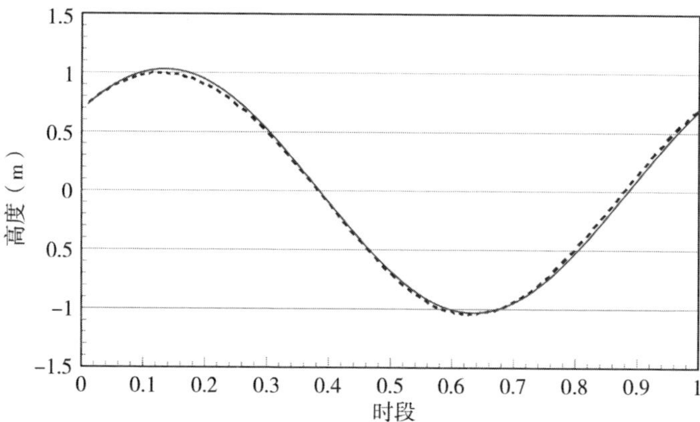

图 2-17　潮位过程线（测站 2）

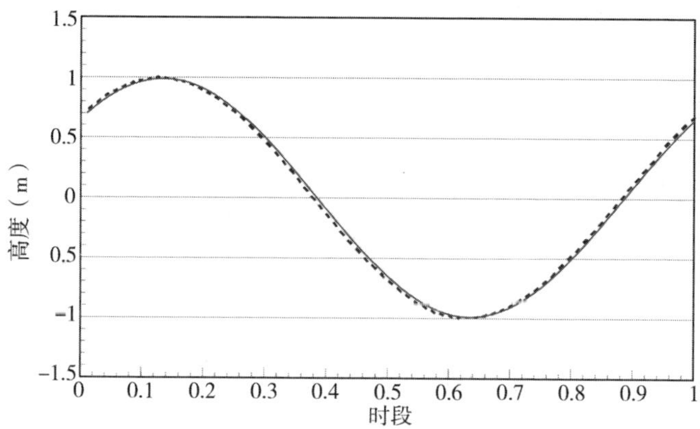

图 2-18　潮位过程线（测站 3）

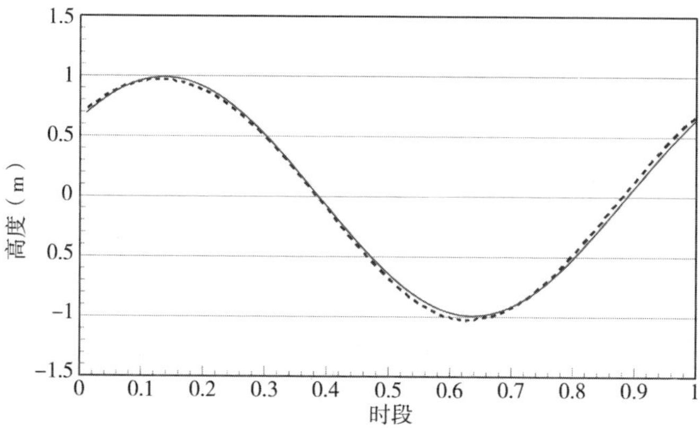

图 2-19　潮位过程线（测站 4）

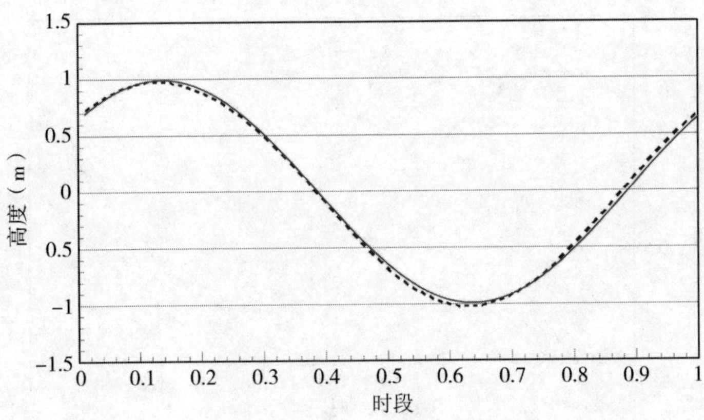

图 2-20　潮位过程线（测站 5）

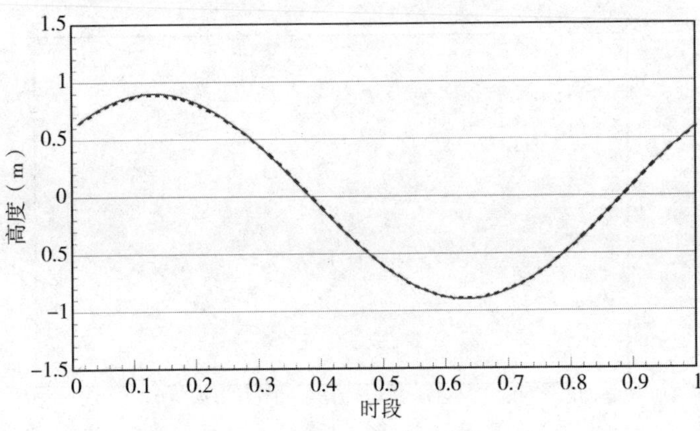

图 2-21　潮位过程线（测站 6）

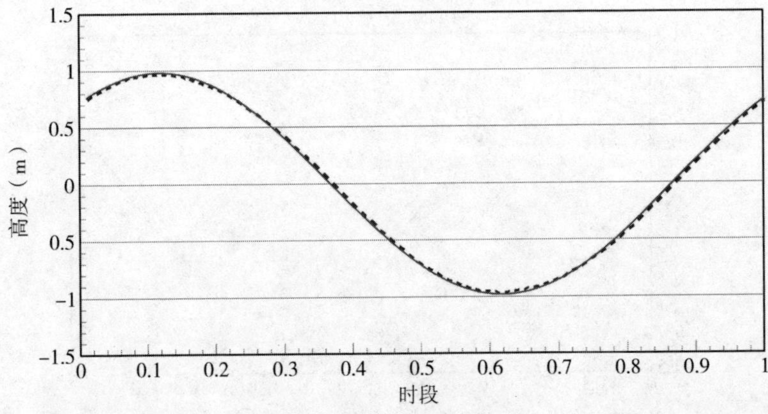

图 2-22　潮位过程线（测站 7）

从潮位升高、相位迟角的图中和潮位过程线的数值模拟值与实测值的对比图

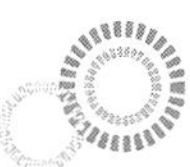

中可以看出，这 7 个验潮站的计算潮位曲线与实测潮位曲线几乎完全吻合，模拟得非常好。

2.3.2.2　潮流

6 个潮流测站的的数值模拟潮流椭圆、实测潮流椭圆与模型实验测出的潮流椭圆的对比图如图 2-23～图 2-28 所示。图中实线所示为数值模拟椭圆、点画线为实测潮流椭圆、虚线为模型实验测出的潮流椭圆。

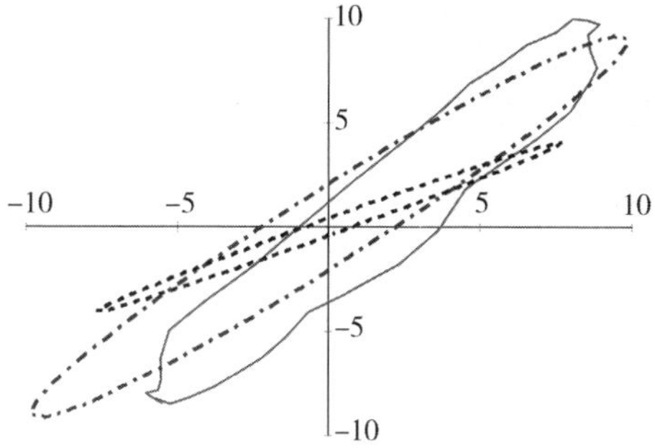

图 2-23　潮流椭圆(测站 1)

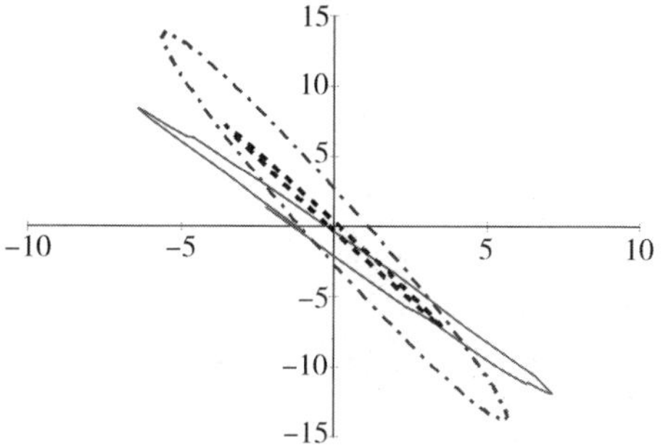

图 2-24　潮流椭圆(测站 2)

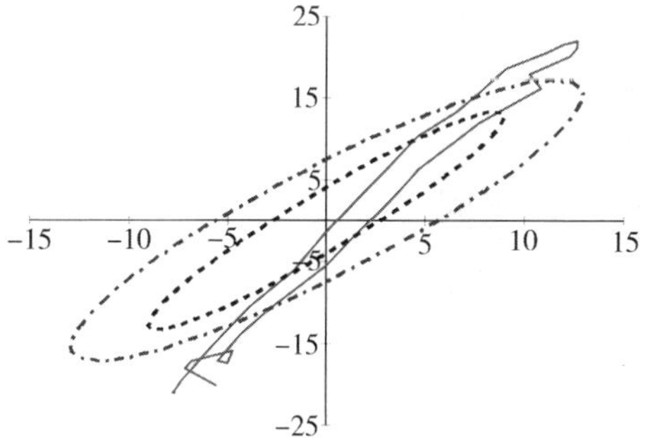

图 2-25　潮流椭圆(测站 3)

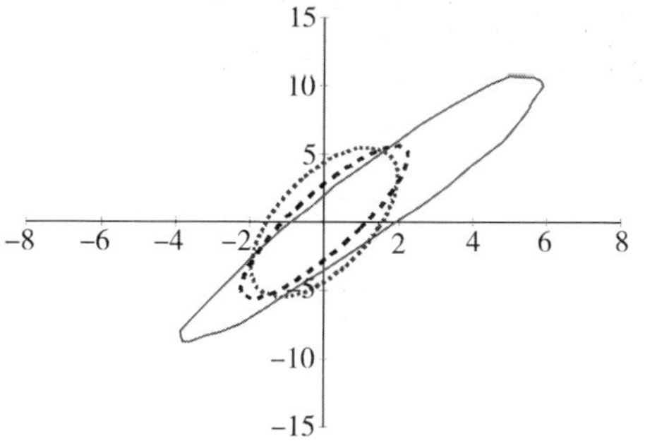

图 2-26　潮流椭圆(测站 4)

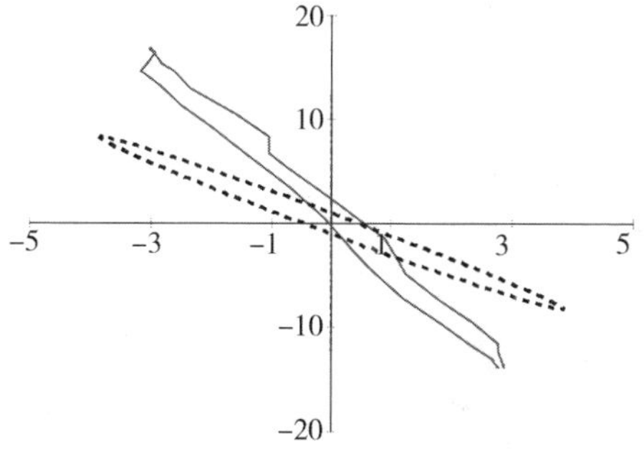

图 2-27　潮流椭圆(测站 5)

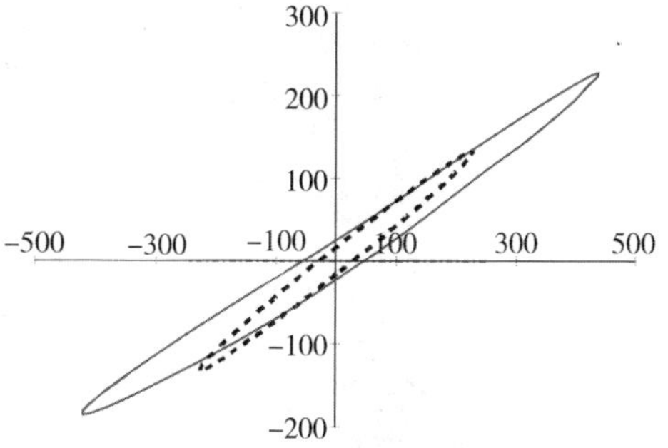

图 2-28　潮流椭圆(测站 6)

从图中可以看到数值模拟的潮流椭圆与实测的潮流椭圆以及模型实验的潮

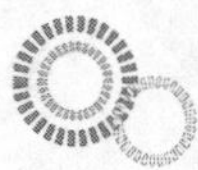

流椭圆不能完全吻合。但是椭圆的长、短轴的方向、椭圆的大小相差得并不大。并且实测的潮流椭圆与模型实验测出的潮流椭圆也存在一定的差距，可以认为潮流的模拟是正确的。

涨潮、最高水位、落潮、最低水位时的潮流场，如图 2-29～图 2-32 所示。

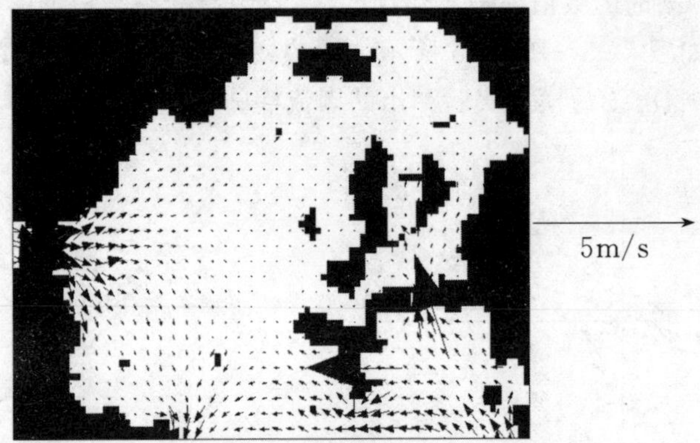

图 2-29　涨潮时的潮流场图

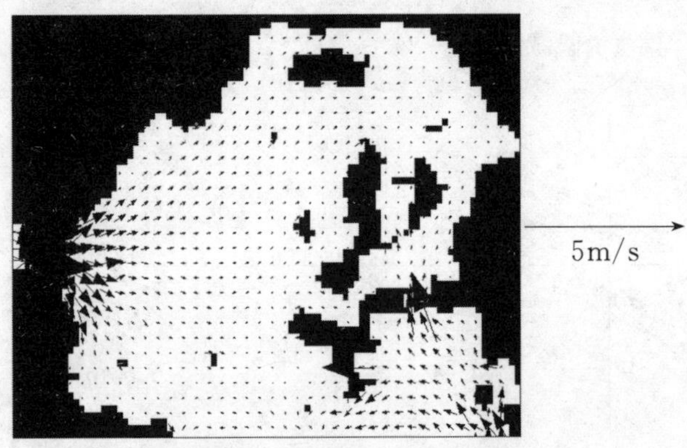

图 2-30　最高水位时的潮流场图

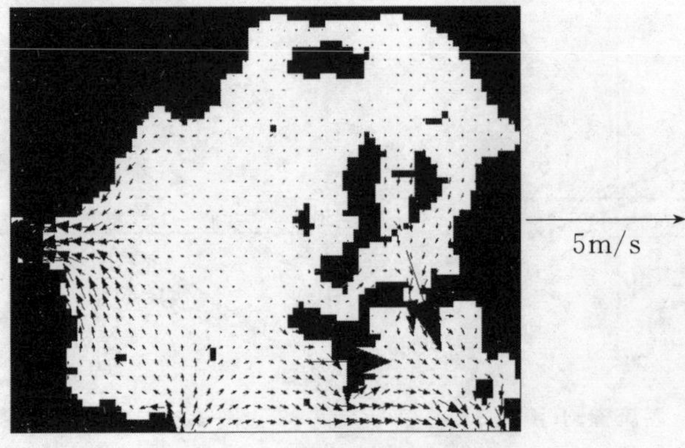

图 2-31　落潮时的潮流场图

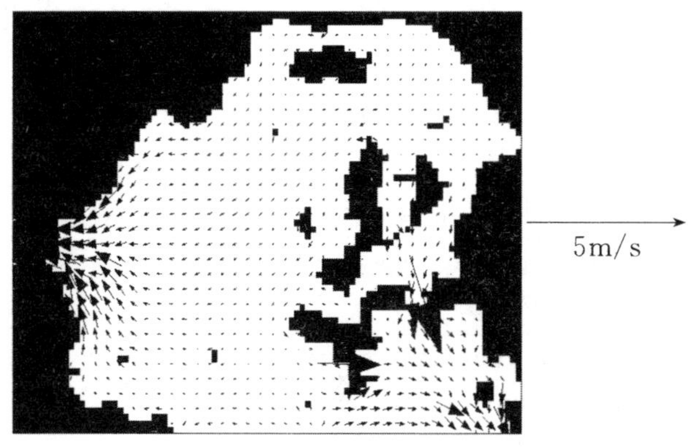

图 2-32　最低水位时的潮流场图

从图中可以看出，由于湾内岛屿众多，而且湾内的水深逐渐变浅，湾内的潮流很小，大部分都小于 0.2m/s。只有在湾的边界，速度变大，在涨潮和落潮的时候从 0.2m/s 至 0.5m/s。在仓桥岛和大富濑户附近有两个狭窄的通道，这里的速度变得很大，在涨潮和落潮时可以达到 3m/s。

2.3.2.3　潮余流

图 2-33 所示为整个水域的潮余流。这里的潮余流是垂向 5 层的潮余流的累加[5]。可以看到，由于湾口狭小，湾内岛屿众多，在湾内容易形成环流。这些原因阻止了污染物向湾外扩散。

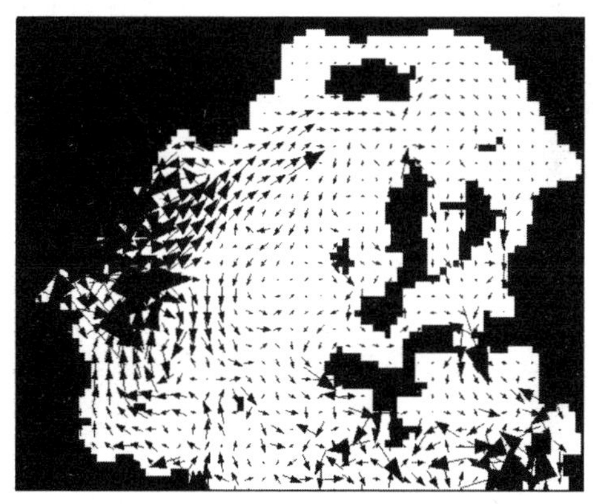

图 2-33　潮余流向量图

本节用三维海洋模型对广岛湾附近的潮流场进行了数值模拟。从潮位曲线的对比中可以看出：潮位的数值模拟与实测结果具有很好的一致性。潮流椭圆的数值模拟结果虽然不能与实测的潮流椭圆和模型实验完全吻合，但基本趋势是一致的。潮流椭圆的测量相对于潮位的测量难度大，而且现有的资料只是观测了几次的结果。而用来检验潮位的潮位调和常数是在长期观测的基础上统计形成的，具有代表性，应该以此为主。所以广岛湾的模拟可以验证模型的可靠性和对复杂地形的适用性。

参考文献

[1] V. Casulli. Semi－implicit finite difference methods for three－dimensional shallow water flow. International journal for numerical methods in fluids, 1992, vol. 15:629-648.

[2] V. Cassulli, E. Cattani. Stability, accuracy and efficiency of a semi－implicit method for three－dimensional shallow water flow. Computers Math. Applic., 1994, 27(4):99-112.

[3] 刘晓海. 博多湾二维水动力学及污染物扩散输移数值模拟. 硕士学位论文，大连理工大学，2002.

[4] ZHANG, Q. H., GIN, K. Y. H.. Three－dimensional numerical simulation for tidal motion in Singapore's coastal waters. Coastal Engineering, 2000, 39:71-92.

[5] Ippen, A. T.. Estuary and Coastline Hydrodynamics. McGraw Hill, New York, 1966.

[6] 瀬戸内海全域污濁予測関研究報告書，中国工業技術試験所，1980(日语).

[7] 西川誠. フロート拡散によゐ海水交換評價价法 に関すゐ研究. 修士学位论文，长冈技术科学大学，1995(日语).

[8] 森正浩. 数值計算によゐ広島湾の流れと物質の移動に関すゐ研究. 修士学位论文，长冈技术科学大学，1994.

第三章　泥石流引起的自由表面波数值模型

3.1　导　言

地震或降雨都会引起滑坡，从而导致泥石流的发生。泥石流产生的自由表面波会对人的生命和财产造成毁灭性的破坏。而泥石流引起的自由波也是一个非常重要的问题，例如，地震或斜坡的坍塌引起海底运动，从而引起海啸。2004 年 11 月 23 日，日本新泻县中越地区发生 6.8 级地震。图 3-1 为该次地震导致山口村发生的山体滑坡。这次滑坡产生了一场严重的泥石流，山体滑入水中，堵塞了河流，对该地区造成了巨大的破坏。本章通过构建泥石流引起的自由表面波数值模型来解决这类问题。

图 3-1　2014 年 11 月 23 日地震导致日本山口村产生泥石流

3.2　滑坡与生成表面波的组合计算进展

近年来，人们提出了许多滑坡与生成波的计算方法。

(1)滑坡计算采用离散元法 DEM (Discrete Element Method)，生成波计算采

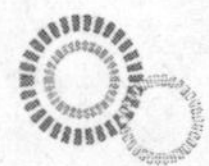

用 DEM 或半隐式的移动粒子法 MPS (Moving Particle Semi－implicit)。

(2) 滑坡计算采用 DEM,生成波计算采用 DEM 或 MPS。

(3) 地面运动和流体运动的计算采用可压缩和不可压缩流体的数值格式。

(4) 以地面的运动为双层流的下层,以水波的运动为双层流的上层[1]-[6]。

对于以土块为离散体的粒子方法,如 DEM 和 MPS,难点在于很难解释粒子的含义,而当粒子变得非常小时,计算耗时较长。

目前计算地震海啸的常规数值方法为视现象为流体的方法,其主要原理是将地面的最终位移作为表面波的初始位移。这种方法的缺点在于它不能考虑两种运动之间的相互作用。

3.3 本研究采用的数值方法

本文以浅水方程为基础,对地面运动和水波运动进行了计算。如图 3-2 所示,滑坡碰撞引起底部水面上升,从而产生并传播自由表面波。与传统的计算地震海啸的数值方法不同,本文考虑了两种运动之间的相互作用。

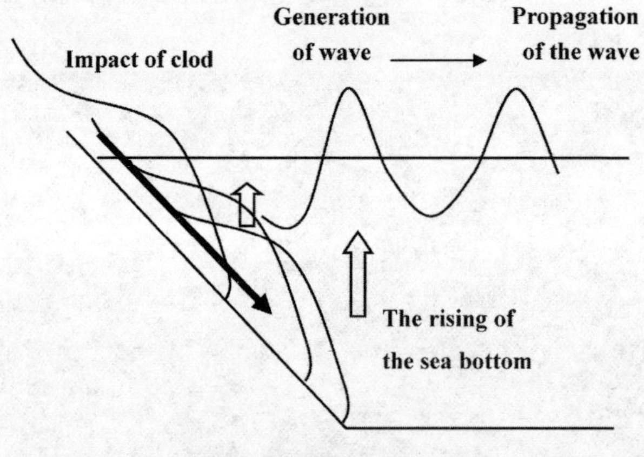

图 3-2 数值方法的模式图

3.3.1 自由表面的运动学条件

自由表面运动学条件的物理含义是:自由表面的变形速度与自由表面的速度一致。也就是说,在自由表面上,垂直坐标与自由表面高度重合。可以表示为:

$$z = \eta(x, y, t)\text{(自由表面)} \tag{3-1}$$

这里 $\eta(x,y,t)$ 是自由表面的高度。当边界变化时,它具有相同的形式,只是用 $b(x,y,t)$来代替 $\eta(x,y,t)$。这里 b 是边界的高度。

因此,当自由表面移动时,通过 Stokes 变换,方程(3-1) 可以表示为:

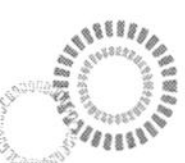

$$\frac{\mathrm{D}F}{\mathrm{D}t}=0, F(x,y,z,t)=\eta(x,y,t)-z \tag{3-2}$$

这里

$$\frac{\mathrm{D}}{\mathrm{D}t}\equiv\frac{\partial}{\partial t}+u\frac{\partial}{\partial x}+v\frac{\partial}{\partial y}+w\frac{\partial}{\partial z} \tag{3-3}$$

方程右侧第四项 w 是自由表面上的垂向速度，可以写作 w_s，而$\partial F/\partial z=-1$，因此方程(3-2)可以写为：

$$\frac{\partial\eta}{\partial t}+u\frac{\partial\eta}{\partial x}+v\frac{\partial\eta}{\partial y}-w_s=0(\text{自由表面}) \tag{3-4}$$

这里变量 η 不是固定的。考虑了 2 个边界：自由表面和底边界。将底边界条件定义为 b 而底边界上的垂向流速为 w_b，方程 (3-4) 可以表示为：

$$\frac{\partial b}{\partial t}+u\frac{\partial b}{\partial x}+v\frac{\partial b}{\partial y}-w_b=0(\text{底边界}) \tag{3-5}$$

方程(3-4)和方程(3-5)是自由表面和底边界的运动条件。然后，我们使用这两个边界条件对连续性方程进行变换。

不可压缩连续性方程是：

$$\frac{\partial u}{\partial x}+\frac{\partial v}{\partial y}+\frac{\partial w}{\partial z}=0 \tag{3-6}$$

沿着水深在垂直方向进行积分，得到：

$$\int_b^\eta\left(\frac{\partial u}{\partial x}+\frac{\partial v}{\partial y}+\frac{\partial w}{\partial z}\right)\mathrm{d}z=0 \tag{3-7}$$

将方程(3-7) 分成 3 项：

第一项

$$\begin{aligned}\int_b^z\frac{\partial u}{\partial x}\mathrm{d}z&=\frac{\partial}{\partial x}\int_b^\eta u\,\mathrm{d}z-u(x,y,z=\eta)\frac{\partial\eta}{\partial x}+u(x,y,z=b)\frac{\partial b}{\partial x}\\&=\frac{\partial m}{\partial x}-u\frac{\partial\eta}{\partial x}+u\frac{\partial b}{\partial x}\end{aligned} \tag{3-8}$$

第二项

$$\begin{aligned}\int_b^z\frac{\partial v}{\partial y}\mathrm{d}z&=\frac{\partial}{\partial y}\int_b^\eta v\,\mathrm{d}z-v(x,y,z=\eta)\frac{\partial\eta}{\partial y}+v(x,y,z=b)\frac{\partial b}{\partial y}\\&=\frac{\partial n}{\partial y}-v\frac{\partial\eta}{\partial y}+v\frac{\partial b}{\partial y}\end{aligned} \tag{3-9}$$

第三项

$$\int_b^z\frac{\partial w}{\partial z}\mathrm{d}z=w_s-w_b \tag{3-10}$$

将这三项加到方程(3-7)，并使用运动学条件方程(3-5)和方程(3-6)，可以得到：

$$0=\frac{\partial m}{\partial x}-u\frac{\partial\eta}{\partial x}+u\frac{\partial b}{\partial x}+\frac{\partial n}{\partial y}-v\frac{\partial\eta}{\partial y}+v\frac{\partial b}{\partial y}+w_s-w_b$$

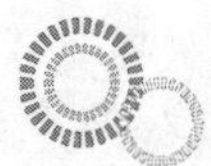

$$
\begin{aligned}
&=\frac{\partial m}{\partial x}+\frac{\partial n}{\partial y}-u\frac{\partial \eta}{\partial x}-v\frac{\partial \eta}{\partial y}+w_s+u\frac{\partial b}{\partial x}+v\frac{\partial b}{\partial y}-w_b \\
&=\frac{\partial m}{\partial x}+\frac{\partial n}{\partial y}+\left(-u\frac{\partial \eta}{\partial x}-v\frac{\partial \eta}{\partial y}+w_s\right)+\left(u\frac{\partial b}{\partial x}+v\frac{\partial b}{\partial y}-w_b\right) \qquad (3\text{-}11) \\
&=\frac{\partial m}{\partial x}+\frac{\partial n}{\partial y}-\frac{\partial \eta}{\partial t}+\frac{\partial b}{\partial t}
\end{aligned}
$$

即

$$
\frac{\partial \eta}{\partial t}=\frac{\partial m}{\partial x}+\frac{\partial n}{\partial y}+\frac{\partial b}{\partial t} \qquad (3\text{-}12)
$$

通常在海底地震中,通量相对于水平尺度的比例很小,也就是说方程(3-12)中的前两项小到可以忽略,因此方程(3-12) 可以简化为:

$$
\frac{\partial \eta}{\partial t}=\frac{\partial b}{\partial t} \qquad (3\text{-}13)
$$

因此

$$
\eta=b \qquad (3\text{-}14)
$$

这意味着在计算中,将地面的最终位移作为自由表面水波的初始位移,如图 3-3(a)所示。这是地震海啸常规计算的原理[7]-[10]。

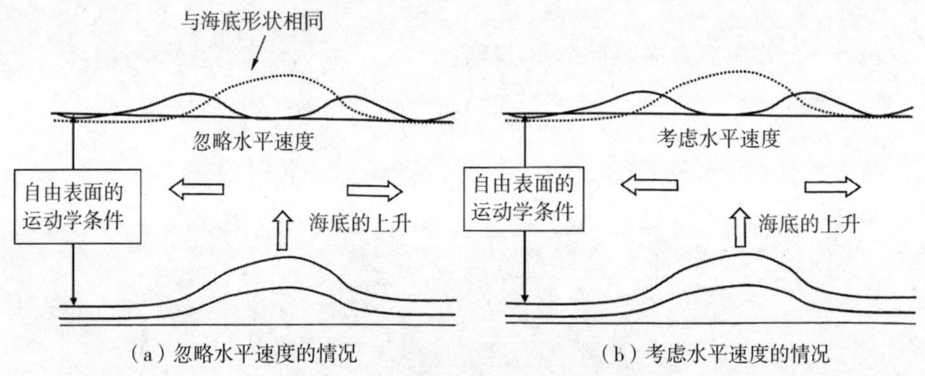

图 3-3　自由曲面运动学条件示意图

如果滑动发生在海底或通量相对于水平尺度的比例不是足够小,方程(3-12)中的前两项就不能忽略。这两个项可以作为地面位移的影响放到连续性方程中,这样方程就可以考虑两种运动的相互作用,如图 3-3(b)所示。因此,在本研究中,我们采用方程(3-12)替代方程(3-14),这种方法不同于地震海啸波的传统计算方法。

3.3.2　控制方程

本节展示了一维和二维的模拟计算。图 3-4 为变量的定义。下标 1 表示泥石流,下标 2 表示自由表面波。控制方程变量见表 3-1。

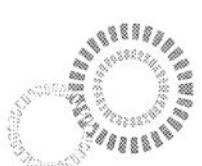

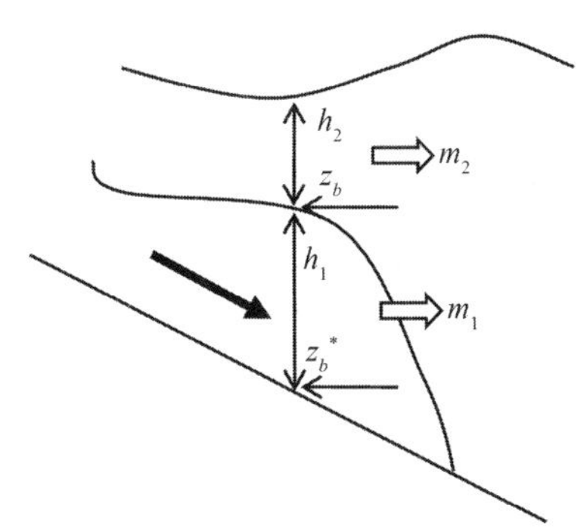

图 3-4　变量定义

表 3-1　控制方程变量表

变量	定义	量纲
t	时间	T
m_1	泥石流的水平动量(x 方向)	L^2/T
n_1	泥石流的水平动量(y 方向)	L^2/T
u_1	泥石流的水平速度(x 方向)	L/T
v_1	泥石流的水平速度(y 方向)	L/T
h_1	泥石流的高度	L
Z_b^*	海底高度	L
ρ'_s	泥石流的相对密度	1
D_1	泥石流的涡黏系数	L^2/T
D_2	自由表面波的涡黏系数	L^2/T
m_2	自由表面波的水平动量(x 方向)	L^2/T
n_2	自由表面波的水平动量(y 方向)	L^2/T
u_2	自由表面波的水平流速(x 方向)	L/T
v_2	自由表面波的水平流速(y 方向)	L/T
h_2	自由表面波的高度	L
Z_b	泥石流面的高度	L
g	重力加速度	L/T^2
t_{1z}	泥石流的底摩擦	L^2/T
t_{2z}	自由表面波的底摩擦	L^2/T

3.3.2.1 一维控制方程

一维控制方程为：

$$\frac{\partial h_1}{\partial t}+\frac{\partial m_1}{\partial x}=0 \tag{3-15}$$

$$\frac{\partial m_1}{\partial t}+\frac{\partial u_1 m_1}{\partial x}=-gh_1\frac{\partial z_b^*+\rho'_s h_1+h_2}{\partial x}+\frac{\partial}{\partial x}\left(D_1\frac{\partial m_1}{\partial x}\right)+\tau_{1z} \tag{3-16}$$

$$\frac{\partial h_2}{\partial t}+\frac{\partial m_2}{\partial x}=\begin{cases}0 & \text{if } h_2=0\\ \dfrac{\partial h_1}{\partial t} & \text{if } h_2>0\end{cases} \tag{3-17}$$

$$\frac{\partial m_2}{\partial t}+\frac{\partial u_2 m_2}{\partial x}=-gh_2\frac{\partial z_b^*+h_2}{\partial x}+\frac{\partial}{\partial x}\left(D_2\frac{\partial m_2}{\partial x}\right)+\tau_{2z} \tag{3-18}$$

$$Z_b=Z_b^*+h_1 \tag{3-19}$$

这里，方程(3-15)和方程(3-17)是泥石流和自由表面波的控制方程，而方程(3-16)和(3-18) 是两种流动的动量方程。

3.3.2.2 二维控制方程

二维控制方程为：

$$\frac{\partial h_1}{\partial t}+\frac{\partial m_1}{\partial x}+\frac{\partial n_1}{\partial y}=0 \tag{3-20}$$

$$\begin{aligned}&\frac{\partial m_1}{\partial t}+\frac{\partial u_1 m_1}{\partial x}+\frac{\partial v_1 m_1}{\partial y}\\&=-gh_1\frac{\partial z_b^*+\rho'_s h_1+h_2}{\partial x}+\frac{\partial}{\partial x}\left(D_1\frac{\partial m_1}{\partial x}\right)+\frac{\partial}{\partial y}\left(D_1\frac{\partial m_1}{\partial y}\right)+\tau_{1z}\end{aligned} \tag{3-21}$$

$$\begin{aligned}&\frac{\partial n_1}{\partial t}+\frac{\partial u_1 n_1}{\partial x}+\frac{\partial v_1 n_1}{\partial y}\\&=-gh_1\frac{\partial z_b^*+\rho'_s h_1+h_2}{\partial y}+\frac{\partial}{\partial x}\left(D_1\frac{\partial n_1}{\partial x}\right)+\frac{\partial}{\partial y}\left(D_1\frac{\partial n_1}{\partial y}\right)+\tau_{1z}\end{aligned} \tag{3-22}$$

$$\frac{\partial h_2}{\partial t}+\frac{\partial m_2}{\partial x}+\frac{\partial n_2}{\partial y}=\begin{cases}0 & h_2=0\\ \dfrac{\partial h_1}{\partial t} & \text{if } h_2>0\end{cases} \tag{3-23}$$

$$\frac{\partial m_2}{\partial t}+\frac{\partial u_2 m_2}{\partial x}+\frac{\partial v_2 m_2}{\partial y}=-gh_2\frac{\partial z_b^*+h_2}{\partial x}+\frac{\partial}{\partial x}\left(D_2\frac{\partial m_2}{\partial x}\right)+\frac{\partial}{\partial y}\left(D_2\frac{\partial m_2}{\partial y}\right)+\tau_{2z} \tag{3-24}$$

$$\frac{\partial n_2}{\partial t}+\frac{\partial u_2 n_2}{\partial x}+\frac{\partial v_2 n_2}{\partial y}=-gh_2\frac{\partial z_b^*+h_2}{\partial y}+\frac{\partial}{\partial x}\left(D_2\frac{\partial n_2}{\partial x}\right)+\frac{\partial}{\partial y}\left(D_2\frac{\partial n_2}{\partial y}\right)+\tau_{2z} \tag{3-25}$$

$$Z_b=Z_b{}^*+h_1 \tag{3-26}$$

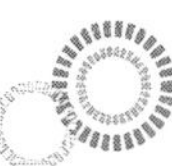

这里，方程(3-20)和方程(3-23)是泥石流和自由表面波的控制方程，而方程(3-21)～方程(3-25)是两种流动的动量方程。

3.3.2.3　泥石流的密度的计算

在本研究中，根据以下公式计算泥石流的密度：

$$\frac{\partial ch}{\partial t} + \nabla \cdot (c\vec{v}h) = E \tag{3-27}$$

$$\rho_m = (\sigma - \rho)c + \rho \tag{3-28}$$

这里 h 是水深，c 是泥石流中砾石的体积浓度，ρ_m 是泥石流的密度，σ 是砾石的密度，E 是材料的侵入速度。

$$\nabla = \frac{\partial}{\partial x}\vec{i} + \frac{\partial}{\partial y}\vec{j} \tag{3-29}$$

$$\vec{v} = u\vec{i} + v\vec{j} \tag{3-30}$$

$$m = uh\,;n = vh \tag{3-31}$$

$$\frac{E}{|\vec{v}|} = c_*(\tan\theta - \tan\theta_e) \tag{3-32}$$

其中

$$\tan\theta_c = \frac{(\sigma/\rho - 1)c}{(\sigma/\rho - 1)c + 1}\tan\theta_s \tag{3-33}$$

这里 θ 是泥石流和水平面的夹角，θ_c 是泥石流浓度的平均坡度。因为

$$\begin{aligned}\nabla \cdot (c\vec{v}h) &= \left(\frac{\partial}{\partial x}\vec{i} + \frac{\partial}{\partial y}\vec{j}\right)(cuh\,\vec{i} + cvh\,\vec{j}) \\ &= \left(\frac{\partial cuh}{\partial x} + \frac{\partial cvh}{\partial y}\right) = \left(\frac{\partial cm}{\partial x} + \frac{\partial cn}{\partial y}\right)\end{aligned} \tag{3-34}$$

因此，这个方程就是控制方程：

$$\frac{\partial ch}{\partial t} + \frac{\partial cm}{\partial x} + \frac{\partial cn}{\partial y} = E \tag{3-35}$$

3.3.2.4　对流项的处理

本计算中对对流项的处理，采用显式的有限差分法。在本研究中采用一阶上风格式(first order upwind scheme)，CIP 方法和 CIP－CSLR1 方法。这些方法详见第一章。

3.4　数值计算

本文对一维流动和二维流动进行了计算。计算对象是数值实验。

3.4.1 一维计算

3.4.1.1 计算工况和计算条件

本次数值模拟对 6 种工况进行了计算，如表 3-2 所示。其中泥石流的初始条件的两种形状如图 3-5 所示。

计算参数是：空间网格 dx 为 2 cm，时间步长 dt 为 0.0001 s。

表 3-2 计算工况

计算工况	泥石流	自由表面波	坡度角(°)	泥石流的初始条件
Case 1	CIP	CIP	45	三角形
Case 2	Upwind	Upwind	45	三角形
Case 3	Upwind	CIP	45	三角形
Case 4	Upwind	CIP	45	圆弧滑坡形
Case 5	Upwind	CIP	30	三角形
Case 6	Upwind	CIP	30	圆弧滑坡形

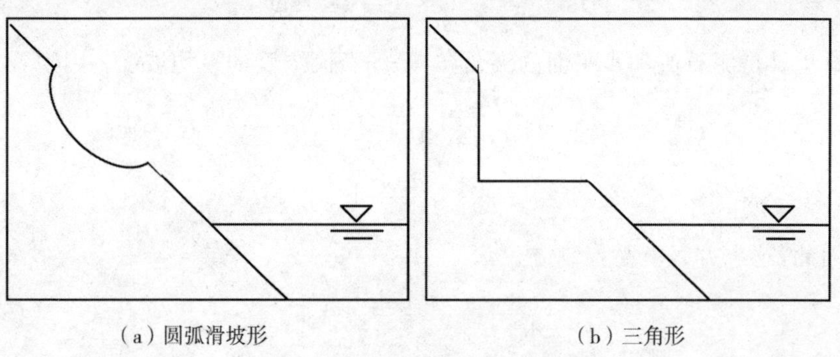

(a) 圆弧滑坡形　　(b) 三角形

图 3-5 泥石流的初始条件形状

3.4.1.2 计算结果

(1)泥石流和自由表面波的生成

图 3-6 和图 3-7 为 Case 4 和 Case 6 的数值结果。在这两种情况下，泥石流的计算使用一阶迎风方案，自由表面水波的计算使用原始的 CIP 方法。泥石流的初始形状是圆弧滑坡形。这两种工况的唯一区别是倾斜角度。对于 Case 4，垂直高度下降是 1m 到 1.5m，而对于 Case 6，垂直高度下降不超过 1m。因为 Case 4 的能量比 Case 6 大，所以其动量也大。因此，对于 Case 6，从泥石流到水面历时 0.7s，而对于 Case 4，历时 0.4s。

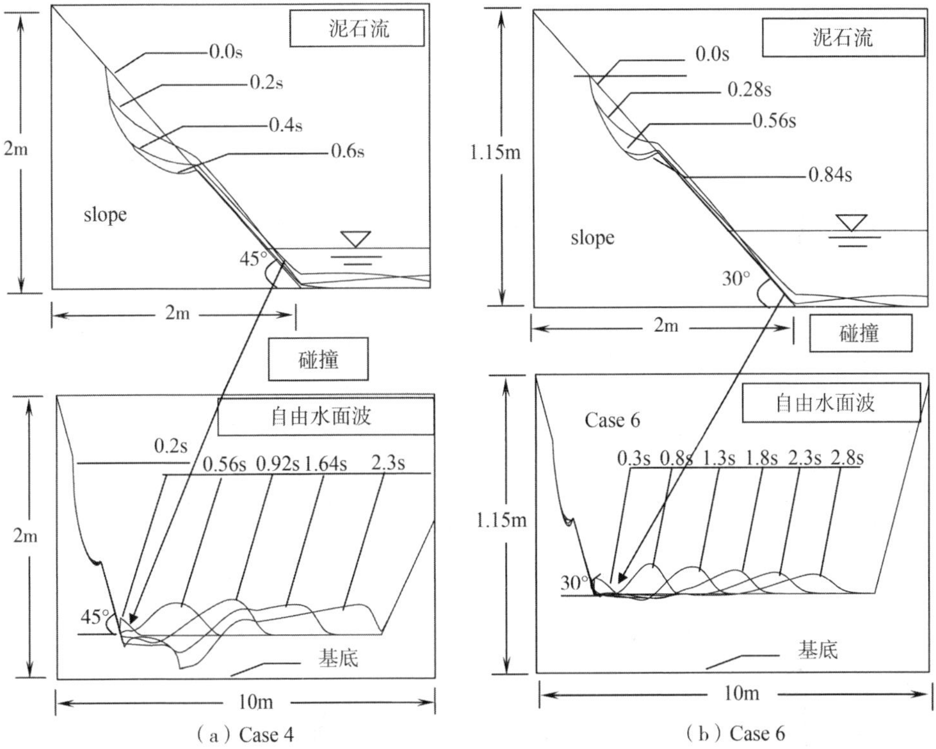

图 3-6　滑坡和产生的自由表面水波　　**图 3-7　滑坡和产生的自由表面水波**

当泥石流到达水面时，就产生了自由表面波。生成自由表面波后，Case 4 和 Case 6 分别在 1.06s 和 1.3s 达到最大高度，然后表面波开始传播。对于 Case 4，自由表面波更快，大约需要 3s 就能到达河的另一侧。对于 Case 4，初始的生成波动要大得多，并且波浪几乎到达了水的底部。

(2)历时过程

当泥石流到达水面时，生成的自由表面水波加速，而泥石流开始减速。图 3-9～图 3-12 为 A、B、C 三个观测点的泥石流和自由表面波的水位和速度过程线，观测点的位置如图 3-8 所示。

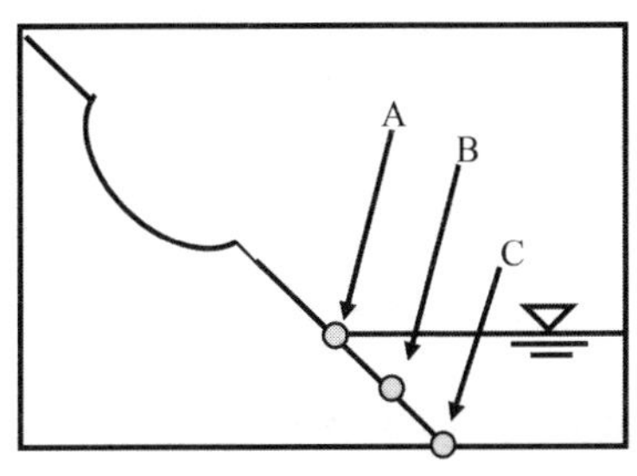

图 3-8　历时过程线的监测点

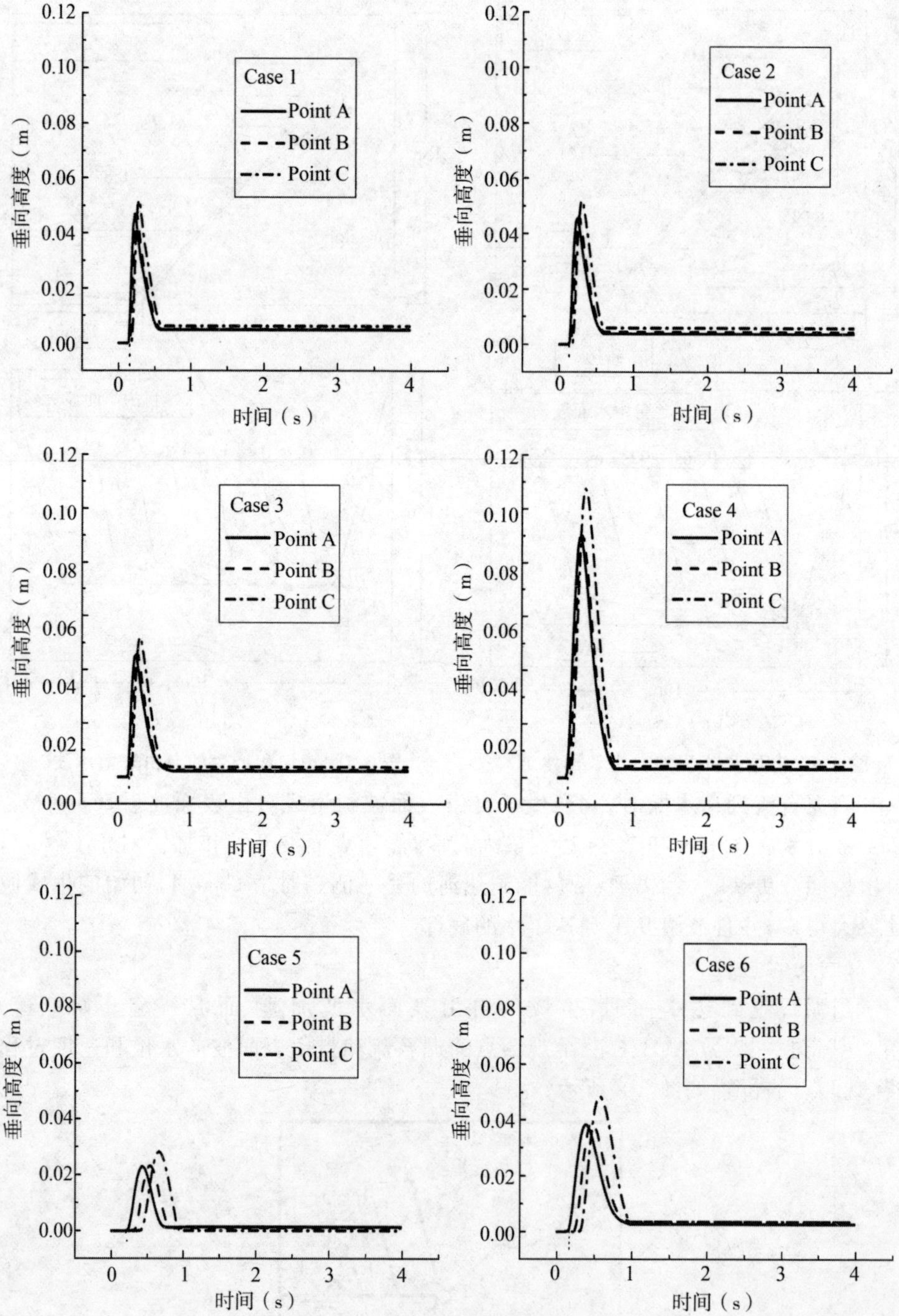

图 3-9　泥石流垂向高度的历时线

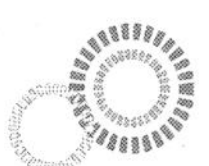

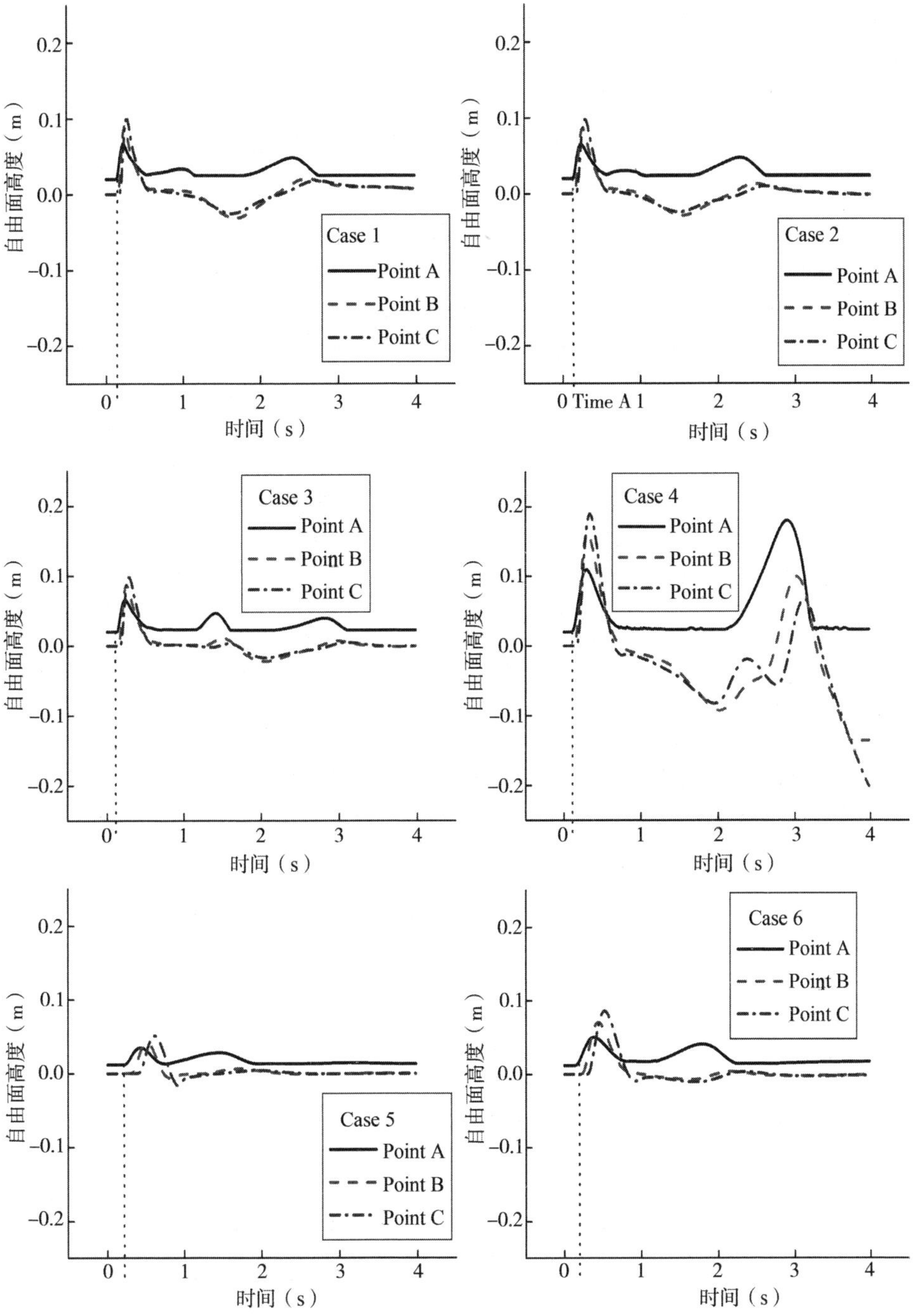

图 3-10　自由表面波的自由表面高度的历时线

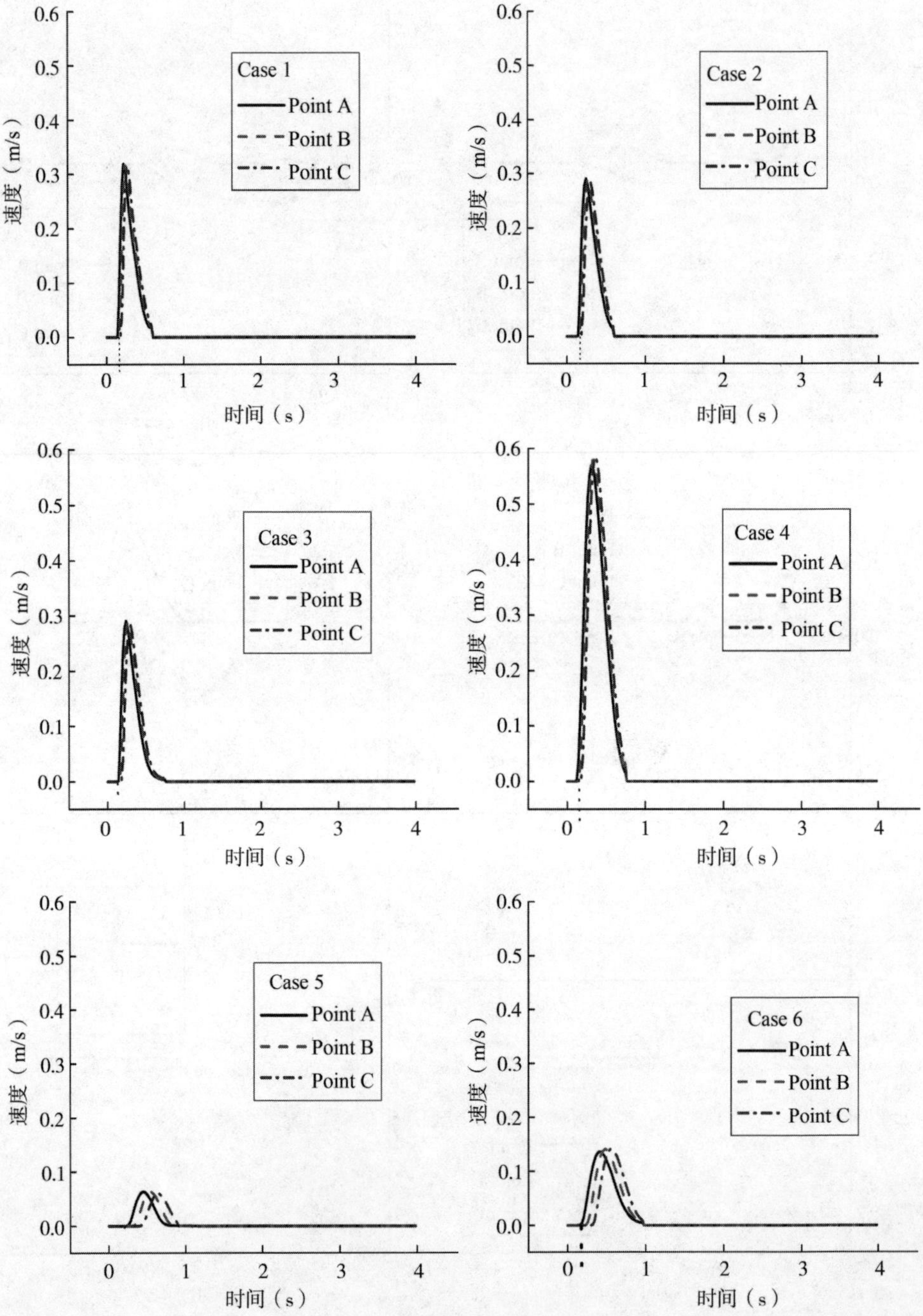

图 3-11　泥石流的速度的历时线

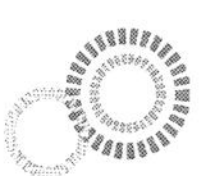

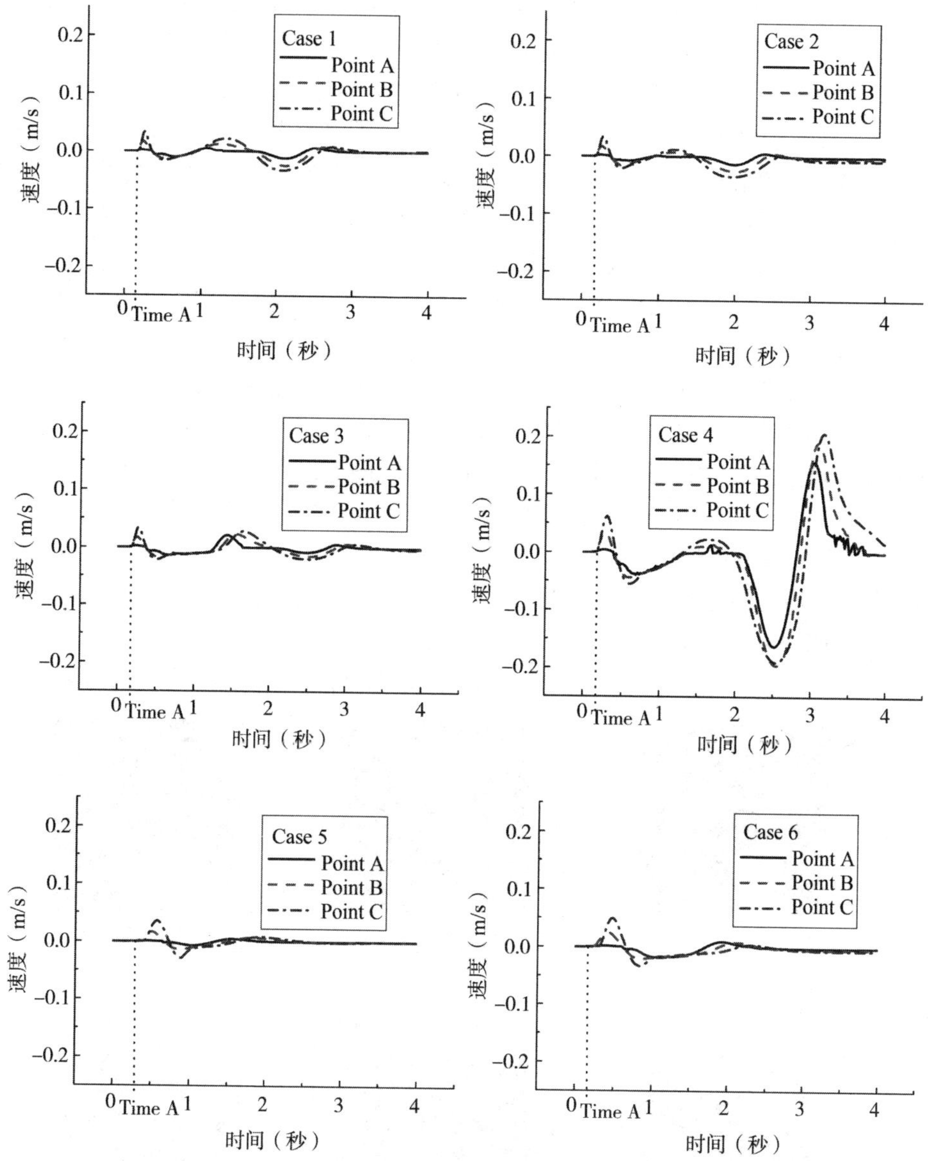

图 3-12　自由表面波速度的历时线

图 3-9 和图 3-10 为泥石流和自由表面波的垂直高度。图 3-11 和图 3-12 为这两种流动的速度。如图 3-9 和 3-10 所示，泥石流非常迅速地从斜坡上落下。对于陡坡(45°)，比如 Case 3 和 Case 4，泥石流下降得特别快，以至于这三个点的时间历程几乎重叠。陡峭的情况会引起更大、更陡峭的波浪，如 Case 4 所示。Case 4 的最大泥石流速度是 Case 6 的 4 倍。如图 3-11 和图 3-12 所示，与泥石流相同，

陡峭的坡度(45°)(如 Case 3 和 Case 4),产生的波强于平缓的坡度(30°),如Case 5 和 Case 6。Case 4 的最大自由表面波速是 Case 6 的四倍。

Case 1 和 Case 2 使用 CIP 方法和一阶迎风法来计算相同的计算条件。利用 CIP 方法计算的过程线更为逼真。因为 CIP 方法不仅考虑了网格点的信息,还考虑了网格内部的信息。但是迎风方案可能更稳定。为了获得现实和稳定的结果,从 Case 3 到 Case6 使用了 CIP 方法和迎风方案的组合。

(3) 计算区域加速和减速时空分布图

为了研究这些流动在整个区域的加速和减速,绘制了时空分布图。图 3-13 和图 3-14 是泥石流和自由表面波速度的时空图。在图中,横向为 x 方向,右侧为正方向,纵向为时间,运动方向向下。初始条件是矩形的上边缘。

图 3-13 是泥石流速度的时空分布图。尽管在每种计算情况下泥石流的运动都不同,但是相同的是,当泥石流滑入河中时,由于波浪阻力,流速都降低了。

图 3-14 是自由表面波速度的时空分布图。当泥石流滑入水中时,速度会加快。然后,表面波开始传播。对于某些具有较大动量的工况,例如 Case 4,还生成了反射。而当波到达河的另一端时,其动能具有强大的破坏效果。而速度和势能分布不相同也是合理的。

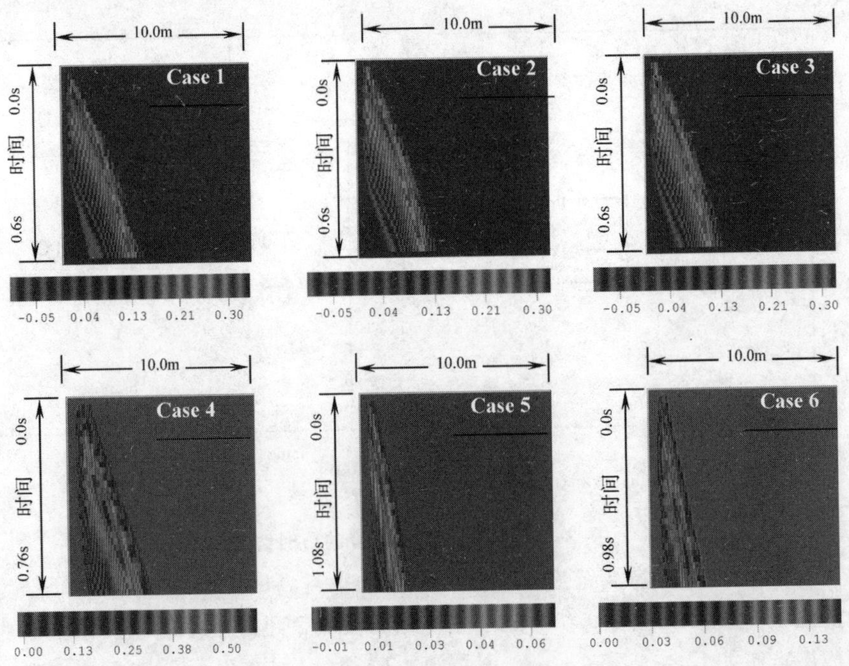

图 3-13 泥石流速度的时空分布图

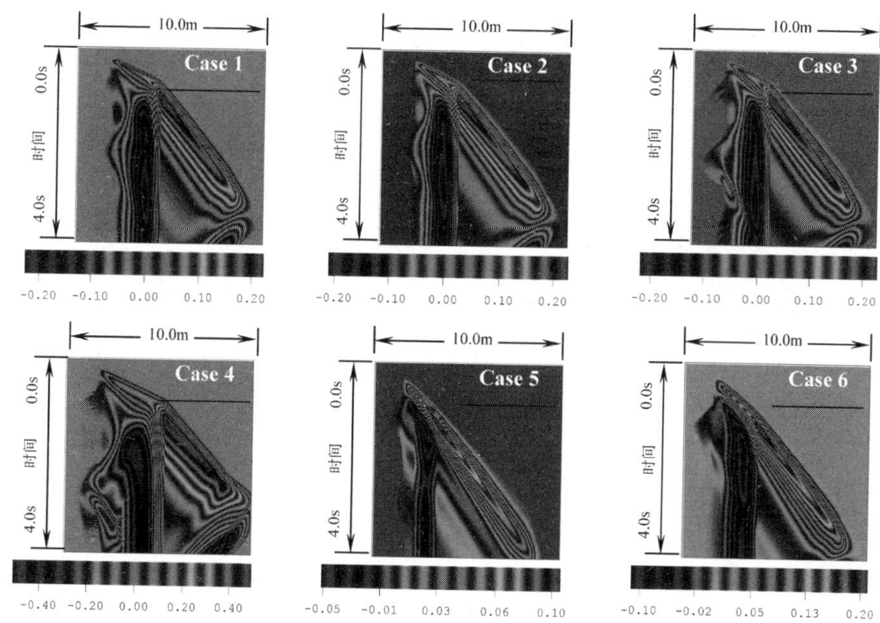

图 3-14　自由表面波速度的时空分布图

3.4.2　二维计算

3.4.2.1　计算工况和计算条件

研究对象是山中的滑坡。计算区域如图 3-15 所示，初始水位如图 3-16 所示。山区在左上方，静水在右下方。网格尺度为 50cm，时间步长为 0.01s，网格数为 100×100 个。分别采用一阶迎风方案，原始的 CIP 方法和 CIP－CSLR1 方法来计算对流项。

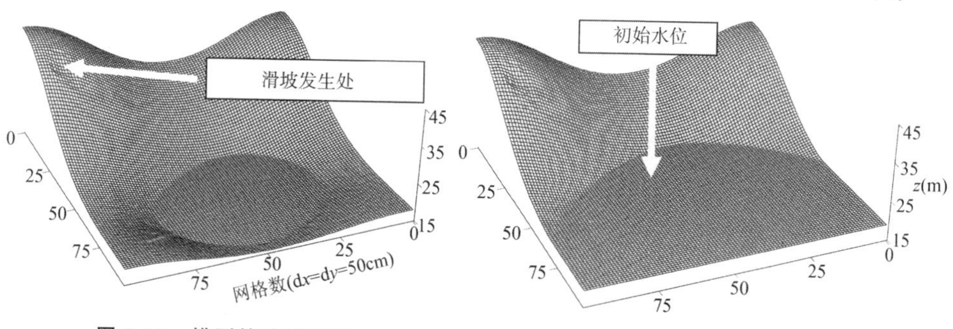

图 3-15　模型的地面高度

图 3-16　初始水位

3.4.2.2　数值结果

计算结果如图 3-17 所示。为了更清楚地看到“碰撞”，对发生碰撞的区域周围进行了放大。沙子塌陷并沿着最陡峭的斜坡掉落，当滑坡到达水面后，发生了碰撞，

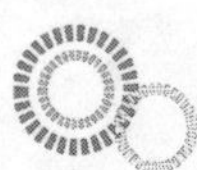

并引起了自由表面波，然后波开始传播。图 3-18 为发生碰撞后的矢量分布图。在图中，水的矢量比例是泥石流的 5 倍。本次数值模拟结果与影像资料一致。

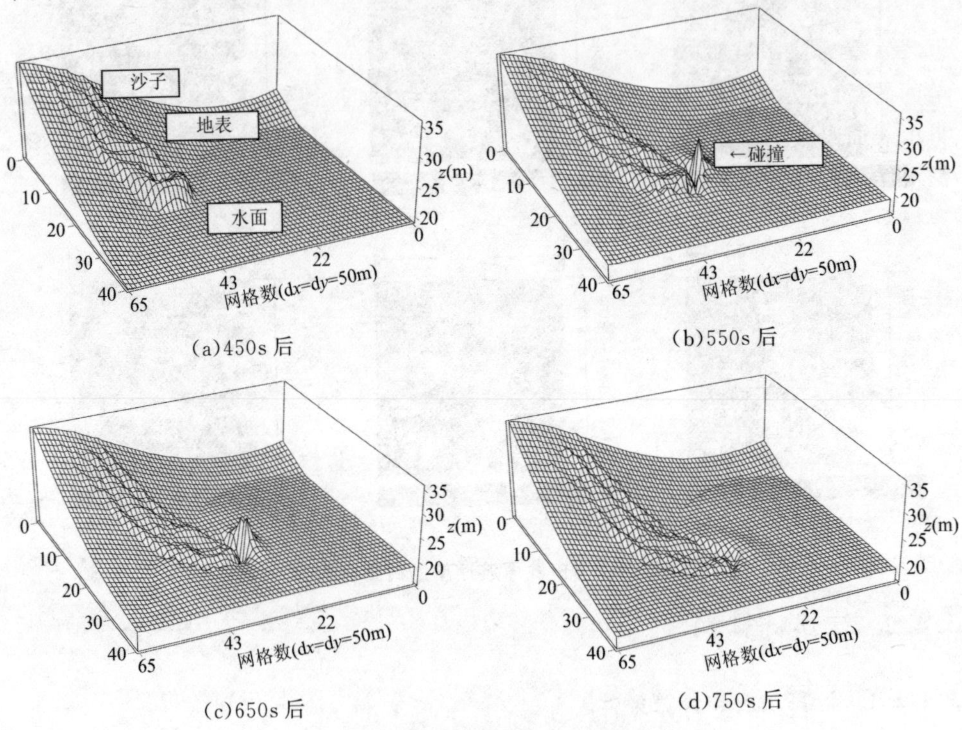

图 3-17　滑坡和自由表面波生成过程

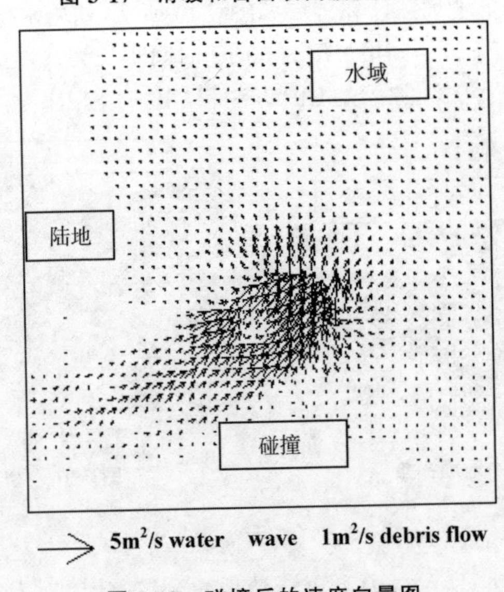

图 3-18　碰撞后的速度向量图

3.5　本章小结

本章计算了一维和二维泥石流及其产生的自由表面波。相对于传统的使用地面的最终位移作为自由表面水波的初始位移的初始条件，本文考虑了泥石流和自由表面水波的相互作用，这使得结果更加真实。尽管没有可用于现场实测的数据对结构进行验证，但数值计算结果合理。在以后的研究中，可以利用现场实测数据对模型进行率定和验证。

参考文献

[1] Gotoh H.，Sakai T. and Hayashi M. Gridless two－phase flow model for wave generated by drastic slope failure. Proceedings of Coastal Engineering, JSCE，Vol. 47，pp. 56-60，2000. (in Japanese)

[2] Gotoh H.，Hayashi M. andSakai T.. Solid－liquid two phase flow model based on Langlangian particle method for the simulation of water wave generation due to landslides. Journal of Hydraulic，Coastal and Environmental Engineering，Vol. 719/Ⅱ－61，pp. 31-45，2002. (in Japanese)

[3] Shigematsu T.，Hirose M.，Nishikori Y. and Oda K. Development of a 3－D liquid－solid flow model by using the DEM and VOF methods and its application. Proceedings of Coastal Engineering，JSCE，Vol. 48，pp. 6-10，2001. (in Japanese)

[4] Kawasaki K. and Nakatsuji K. Development of three－dimensional numerical model of multi－phase flow and its verification. Proceedings of Coastal Engineering，JSCE，Vol. 49，pp. 56-60，2002. (in Japanese)

[5] Gotoh H.，Hayashi M.，Andoh S.，Sumi T. and Sakai T. DEM－MPS method coupled two－phase－flow model for graded sediment transport. Proceedings of Coastal Engineering，JSCE，Vol. 50，pp. 26-30，2003. (in Japanese)

[6] Mutsuda H.，Shimizu K.，Doi Y. and Fukuda K. Numerical simulation of fluid－structure interaction problems using CIP－EDEM method. Annual Journal of Coastal Engineering，JSCE，Vol. 51，pp. 41-45，2004. (in Japanese)

[7] Umetani H.，Togashi H.. Study on reappearance and disaster characteristics of the 1792 ariakekai tsunami. Proceedings of Coastal Engineering，JSCE，Vol. 48，pp. 356-360，2001. (in Japanese)

[8] Hiraishi T., Shibaki H., Harasaki K, Hara N. and Mishima N. An application of the 1998 Papua New Guinia earthquake tsunami to Japan coast; by the earthquake fault and the submarine landslide. Proceedings of Coastal Engineering, JSCE, Vol. 47, pp. 341-345, 2000. (in Japanese)

[9] Y Hiraishi T., Shibaki H. and Hara N. Numerical simulation of Meiwa-Yaeyama earthquake tsunami in landslide model with circular rupture. Proceedings of Coastal Engineering, JSCE, Vol. 48, pp. 351-355, 2001. (in Japanese)

[10] Hashi K. and Imamura F.. Study on the multi—tsunami source in the case of the 1998 Papua New Guinea tsunami. Proceedings of Coastal Engineering, JSCE, Vol. 47, pp. 346-350, 2000. (in Japanese)

第四章　湾口地形改变对海湾海水交换能力影响的数值研究

近岸海域水交换是海洋环境科学研究的一个基本命题，污染物通过对流输运和稀释扩散等物理过程与周围水体混合，与外海水交换，使浓度降低，水质得到改善。随着我国沿海地区社会、经济的迅速发展和城市化过程中城镇人口的集中，越来越多的生活污水、工业废水，以及固体废物直接或间接地排入海中，尤其是排放到海湾区，导致湾内的水环境严重恶化。改善海湾内的水环境，一方面需要减少排入海湾中的污染物的数量，另一方面可以通过提高海湾与外海的海水交换能力，利用海水的自净化能力来实现。

本章考查了海湾开口率、封闭性海湾的湾口水深以及湾口构筑物等湾口地形的改变对海湾内、外海水的交换能力的影响。

4.1　衡量海水交换能力的方法

4.1.1　水交换能力的计算方法

目前，关于水交换还没有一个确定的概念和成熟的研究方法。起初人们使用箱式模型，用潮周期内水质变化预测海水交换率，或用平均水更新时间(flushing time)衡量海湾水交换能力。对水交换给出如下概念：标识质点到达湾外，即与洁净水进行过交换更新，记录下各个质点第一次到达湾外的时间，即湾内水的存留时间。统计各区域每一时刻湾内、外的水质点数，湾外质点数不为零的起始时刻为此区域开始交换时间；湾内质点数变化小于 2%时为交换达到稳态时间，此时湾外质点数与原来各区域初始标识质点数之比为区域交换率。

目前，计算海湾水交换率有不同的方法，基于 Parker 和柏井的思想的计算方法是比较常用的一类。Parker 定义的海水交换率 r_E 是指涨潮时流入湾内的海水中含第一次进入湾内的外海水所占的比率。定义 Q_F 为涨潮时流入湾内的水量，它由第一次流入湾内的海水量 q_0 和落潮时流出、涨潮时又返回湾内的水量 $q_E=Q_F-q_0$ 组成，则海水交换率 r_E 为：$r_E=\frac{q_0}{Q_F}$。

与 Parker 的定义类似，柏井定义的海水交换率 r_E 为落潮时流出水中第一次流出湾外内水所占的比率。定义 Q_E 为落潮时流出湾外的水量，它由第一次流出湾外的内海水量 q_B 和涨潮时返回、落潮时又流出湾内的水量 $q_F=Q_F-q_B$ 组成，则海水交换率 r_E 为：$r_E=\dfrac{q_B}{Q_E}$。

柏井根据川村雅彦[1]的工作，在整个潮周期上定义了一个海水平均交换率。假设湾内海水与湾外海水作直接交换，考虑潮汐不等现象，取涨、落潮流量近乎相等的一周期为 T，定义一个方向的流量为一个潮周期内的海水交换量 Q，设参与海水交换的滞留在湾内的外海水量为 q_{EX}，把 $r_G=q_{EX}/Q$ 定义为平均海水交换率，根据一个周期的物质守恒关系：$Q(C_F-C_B)=q_{EX}(C_0-C_B)$，则得到平均海水交换率 r_G：

$$r_G=\frac{q_{EX}}{Q}=\frac{G_F-C_B}{C_0-C_B}$$

中村武弘在 Parker 和柏井提法的基础上，提出湾内水对外海水的交换和外海水对湾内水的交换的概念，并给出了一个新的水交换率的计算方法。定义 β 为一个潮周期流入湾内的外海水与涨潮水的比，γ 为一个潮周期流出的湾内水与落潮水之比。设落潮时带出的湾内水量为 Q_{EB}；涨潮时又带回的湾内水量为 Q_{FB}；涨潮时带入的外海水量为 Q_{F0}；落潮时又流出的外海水量为 Q_{E0}。落潮时总的水量为 Q_E，涨潮时总的水量为 Q_F，则依定义有

$$\begin{cases}\beta=\dfrac{Q_{F0}-Q_{E0}}{Q_F}\\[2ex]\gamma=\dfrac{Q_{EB}-Q_{FB}}{Q_E}\end{cases}\tag{4-1}$$

流量关系：

$$\begin{cases}Q_F=Q_{FB}+Q_{F0}\\Q_E=Q_{EB}+Q_{E0}\end{cases}\tag{4-2}$$

指标物质质量守恒：

$$\begin{cases}Q_FC_F=Q_{FB}C_B+Q_{F0}C_0\\Q_EC_E=Q_{EB}C_B+Q_{E0}C_0\end{cases}\tag{4-3}$$

由方程(4-3)得：

$$\begin{cases}Q_{F0}=Q_F\dfrac{C_F}{C_0}-Q_{FB}\dfrac{C_B}{C_0}\\[2ex]Q_{E0}=Q_E\dfrac{C_E}{C_0}-Q_{EB}\dfrac{C_B}{C_0}\end{cases}\tag{4-4}$$

代入方程(4-1)得：

$$\beta=\frac{Q_F\dfrac{C_F}{C_0}-Q_{FB}\dfrac{C_B}{C_0}-Q_E\dfrac{C_E}{C_0}-Q_{EB}\dfrac{C_B}{C_0}}{Q_F}=\frac{Q_F\dfrac{C_F}{C_0}-Q_E\dfrac{C_E}{C_0}+(Q_{EB}-Q_{FB})\dfrac{C_B}{C_0}}{Q_F} \tag{4-5}$$

又由方程(4-3)得：

$$Q_{EB}-Q_{EB}=(Q_F-Q_E)-(Q_{F0}-Q_{E0})$$

代入方程(4-5)得：

$$\beta=\frac{Q_F\dfrac{C_F}{C_0}-Q_E\dfrac{C_B}{C_0}-(Q_F-Q_E)\dfrac{C_B}{C_0}+(Q_{F0}-Q_{E0})\dfrac{C_B}{C_0}}{Q_F}=\frac{C_F-C_B}{C_0}-\frac{1}{\alpha}\frac{C_E-C_B}{C_0}+\beta\frac{C_B}{C_0} \tag{4-6}$$

整理得：

$$\beta=\frac{(C_F-C_B)-1/\alpha(C_E-C_B)}{(C_0-C_B)} \tag{4-7}$$

所以：

$$\beta=\frac{Q_{F0}-Q_{E0}}{Q_F}-\frac{(C_F-C_B)-1/\alpha(C_E-C_B)}{(C_0-C_B)} \tag{4-8}$$

因此：

$$\beta=\frac{Q_{F0}-Q_{E0}}{Q_F}=\frac{r_F[1-1/\alpha(1-r_F)]}{r_E+r_F-r_Er_F}\quad \text{其中 } \alpha=Q_F/Q_E$$

同理，由运输方程的一般形式得：

$$\begin{cases}Q_{FB}=Q_F\dfrac{C_F}{C_B}-Q_{F0}\dfrac{C_0}{C_B}\\ Q_E=Q_E\dfrac{C_E}{C_B}-Q_{EB}\dfrac{C_0}{C_B}\end{cases} \tag{4-9}$$

如上推导可得：

$$\gamma=\frac{Q_{EB}-Q_{FB}}{Q_E}=\frac{(C_0-C_B)-\alpha(C_0-C_F)}{C_0-C_B}=\frac{r_F[1-\alpha(1-r_E)]}{r_E+r_F-r_Er_F} \tag{4-10}$$

水交换率β,γ分别反映了单位时间内外海水与涨潮水和湾内水与落潮水的比率。

一些学者应用海水交换周期的方法来衡量海水的交换能力。水交换周期的计算方法为：

设湾内海水总量为Q,在一个潮周期内涨潮带入湾内的水量与落潮时流出的水量相同。则经过一个潮周期后，湾内剩下的旧水量占湾内总水量的比例为$1-Q_0\cdot r_E\cdot r_F/Q=a$；经过两个周期后，湾内剩下的旧水量占湾内总水量的比例为：

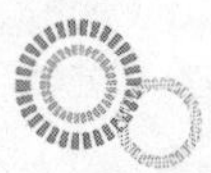

$a(1-Q_0 \cdot r_E \cdot r_F/Q)=a^2$；以此类推，经过 n 个周期后，湾内所剩的旧水量占湾内总水量的比例为：$a^{n-1}(1-Q_0 \cdot r_E \cdot r_F/Q)=a^n$。假设经过 x 个周期以后，湾内海水被交换出 50%，则有：$0.5=a^x$，于是我们得到湾内海水交换出 50%时的周期数 x：$x=\log 0.5/\log a$。

以上水交换率的计算方法被广泛用于不同海湾的水交换问题研究中。后来，Luff 等[2]引入了半交换时间的概念(Half－life time)，类似于放射性同位素的半衰期，定义为某海域保守物质浓度通过对流扩散稀释为初始浓度一半时所需的时间。该定义基于这样一个事实，海域内某物质的最终浓度为零几乎是不可能的。稀释的快慢代表了水质变化的速率，即代表了该海域的交换能力。利用水质模型(欧拉弥散模型)，可以研究海域内每个格点的交换能力，也可研究不同海域对周边海域水质的影响。这种方法同时考虑了对流与扩散过程，水动力过程也全面考虑了风、潮汐和密度梯度的作用，较之以往的研究更加客观。

因此，本文在研究地形改变对海湾内水交换能力的影响时，通过半交换时间和污染物半交换周期两个参数来衡量海湾海水交换能力的强弱。

4.1.2 衡量海水交换能力的方法

本文利用半交换时间和污染物半交换周期等值线图来衡量海水交换能力的强弱。半交换时间采用 Luff 所定义的概念，即：某海域保守物质浓度通过对流扩散稀释为初始浓度一半时所需的时间。污染物半交换周期等值线图的定义为，假设所研究海湾内的初始污染物浓度为 1kg/m^3，湾内各点污染物浓度变为原浓度一半时，即 0.5kg/m^3 所需要的时间。湾内污染物半交换周期等值线图所表示的意义与 Luff 提出的半交换时间的概念相似，都是反映污染物浓度下降为初始浓度一半时所需的时间。不同的是，污染物半交换周期等值线图更精确地反映了湾内每一点污染物浓度下降为初始浓度一般时所需要的时间。半交换周期越长，说明海水的交换能力越弱；反之，半交换周期越短，说明海水的交换能力越强。

4.2 数值实验一：海湾开口率对海水交换能力影响的数值实验

海湾根据开敞度的大小可以分为四类：开敞型海湾，其开敞度大于 0.20，该类海湾约占 34.7%；半开敞型海湾，其开敞度为 0.10～0.20，该类海湾约占 32.6%；半封闭型海湾，其开敞度为 0.01～0.10，该类海湾约占 27.4%；封闭型海湾，其开敞度小于 0.01，该类海湾约占 5.3%[3]。所谓的海湾的开敞度是指海湾口宽度与海湾岸线长度之比。依据开敞度对我国海湾进行划分(如表 4-1)，基本上可以确定海湾的动力条件和海湾的水交换能力。

这里讨论开敞度对海湾海水交换能力的影响。由于数值模拟的海湾为理想

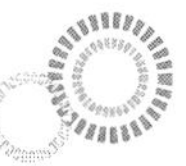

的矩形海湾，采用比开敞度定义更为简单，也可以用表示海湾开口大小的开口率来定义不同的矩形海湾。开口率的定义为：a/b，如图 4-1 所示。

表 4-1 中国海湾开敞度类型分类表

海湾类型	开敞度	海湾名称
开敞湾	＞0.20	营城子湾、金州湾、复州湾、太平湾、莱州湾、龙口湾、套子湾、芝罘湾、威海湾、临洛湾、俚岛湾、爱伦湾、石岛湾、小岛湾、琅琊湾、海州湾、漩门湾、鱼寮湾、海门湾、企望湾、红海湾、广海湾、雷州湾、海口湾、铺前湾、牙龙湾、榆林湾、三亚湾、澄迈湾、马袅湾、金牌湾、廉州湾
半开敞湾	0.10～0.20	青堆子湾、常江澳、小窑湾、大窑湾、普兰店湾、董家口湾、葫芦山湾、锦州湾、桑沟湾、靖海湾、乳山湾、险岛湾、北湾、唐岛湾、崔家潞、乐清湾、沿浦湾、福清湾、泉州湾、厦门湾、诏安湾、碣石湾、大亚湾、镇海湾、水东港、湛江湾、安铺湾、清澜湾、洋浦湾、后水湾、铁山港
半封闭湾	0.01～0.10	大连湾、双岛湾、月湖、养渔池湾、丁字湾、胶州湾、象山湾、三门湾、浦坝港、大渔湾、沙埕港、罗源湾、兴化湾、湄洲湾、安海湾、同安湾、佛昙湾、东山湾、宫口湾、汕头湾、大鹏湾、海陵湾、大风江口、钦州湾、防城港、珍珠港
封闭湾	＜0.01	朝阳港、白沙口、三沙湾、小海湾、新村湾

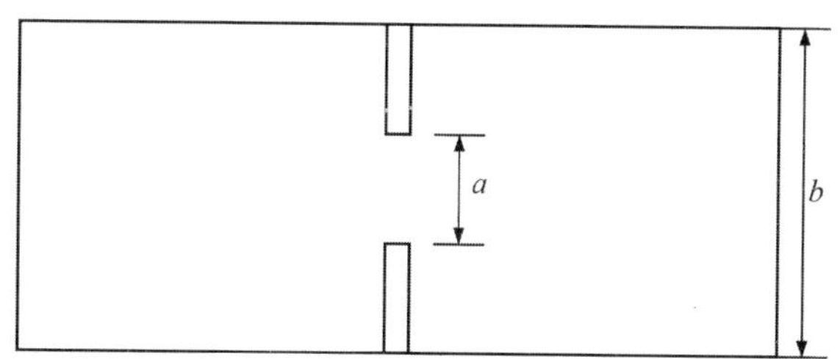

图 4-1 开口率的定义

4.2.1 模型计算范围和控制条件

模拟地形为理想的矩形海湾。模型的计算范围为 100km×40km。采用三角形网格剖分，模型计算范围及网格划分如图 4-2 所示。最大时间步长为 60s，水深 10m。在 x 方向 50km 处为湾口。对开口率分别为 1、3/4、2/4、1/4 的 4 种理想矩形海湾进行了数值模拟。

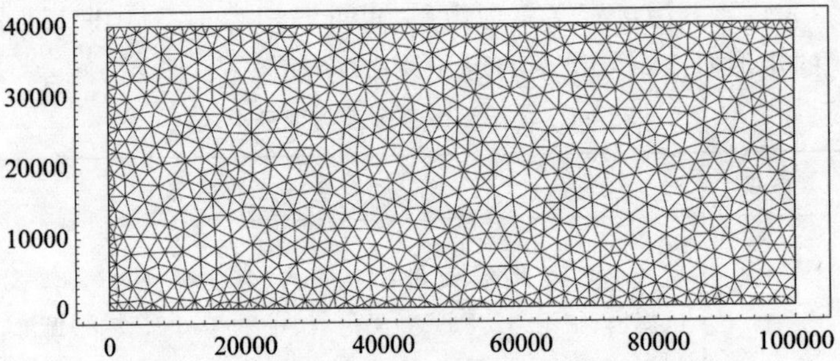

(a)开口率为 1

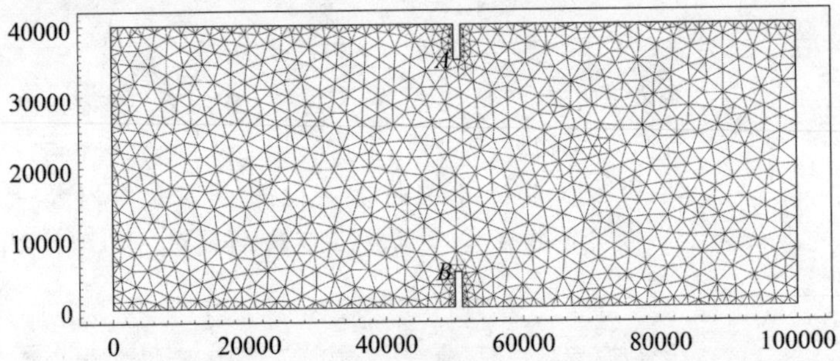

(b)开口率为 3/4

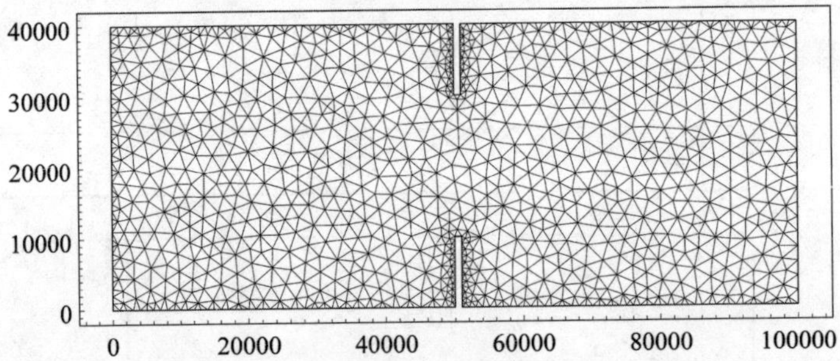

(c)开口率为 2/4

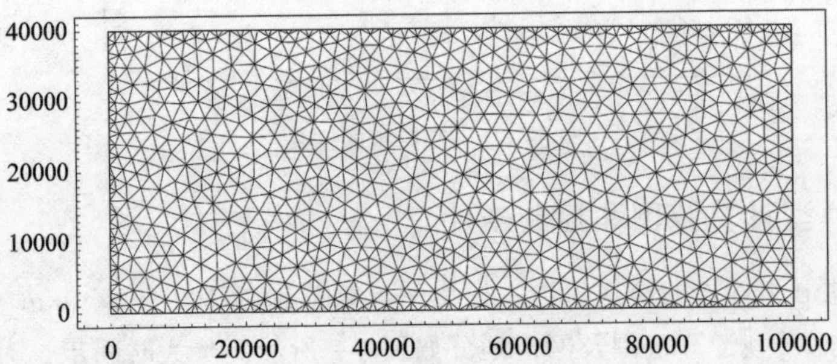

(d)开口率为 1/4

图 4-2　四种开口率情况下模型计算域及网格划分

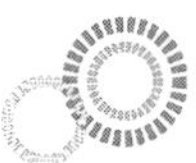

4.2.2　边界条件

边界条件分为两种，即开边界条件和闭边界条件。

所谓开边界条件，即水域边界条件，可以给定水位或流速。本次数值模拟方案计算域内有一个开边界（AB）如图 4-2（a）。由边界 AB 给入振幅 2m 周期 12h 的正弦波。

所谓闭边界条件，即水陆交界条件。在该边界上，水质点的法向流速为 0，即：

$$V_n = 0$$

本例中除边界 AB，其余所有边界均为闭边界。

4.2.3　计算结果

4.2.3.1　潮流场

图 4-3 和图 4-4 给出了四种开口率情况下理想矩形海湾涨潮和落潮的流场图。从图中我们可以看出：当开口率为 1 时，湾口的流速和湾外的流速相同；当湾口开口率减小时，湾口的流速大于湾外的流速，但湾内的流速明显减小。湾口开口率越小，湾口处的流速越大，湾内的流速越小。

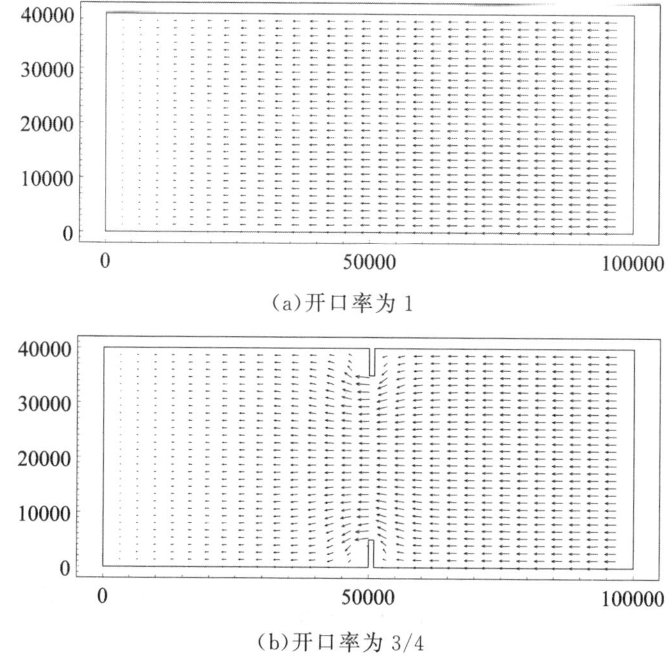

（a）开口率为 1

（b）开口率为 3/4

图 4-3

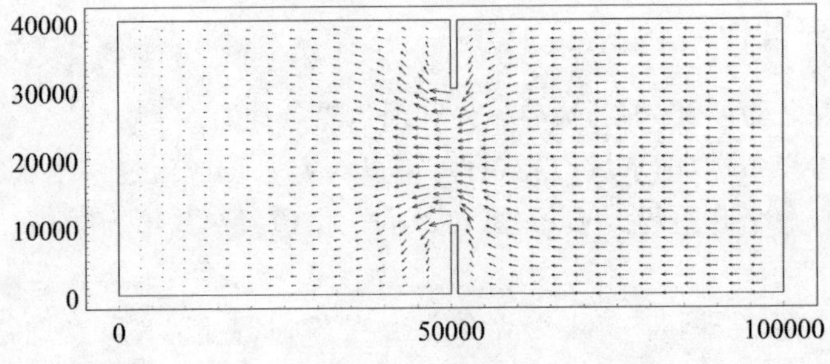

(c)开口率为 2/4

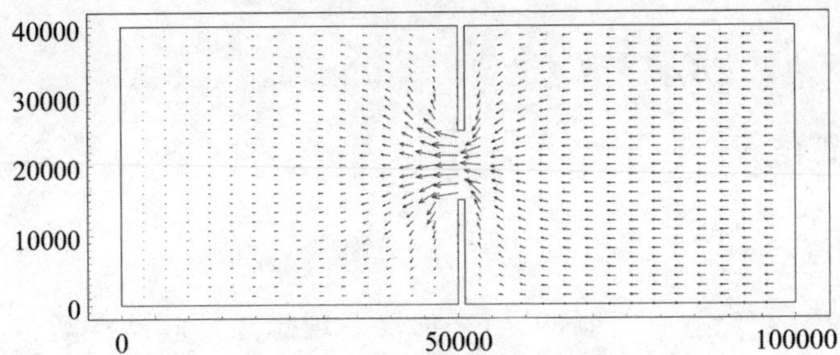

(d)开口率为 1/4

图 4-3　四种开口率情况下涨潮流场图

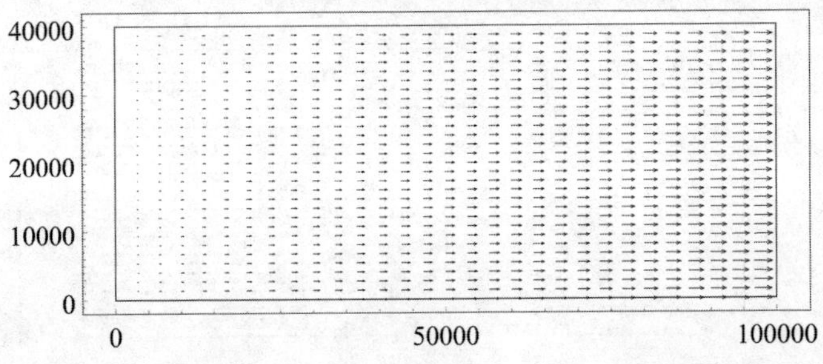

(a)开口率为 1

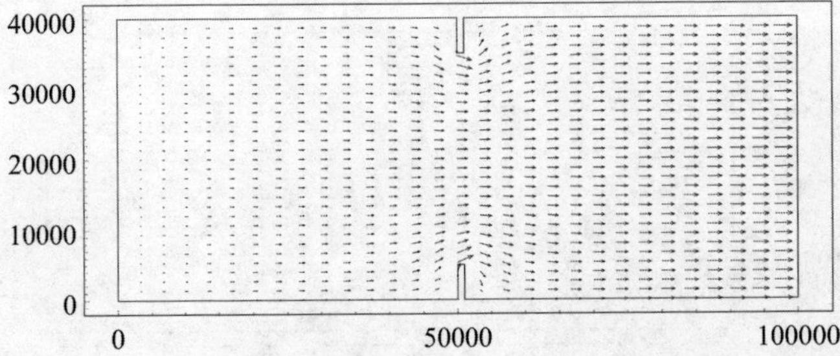

(b)开口率为 3/4

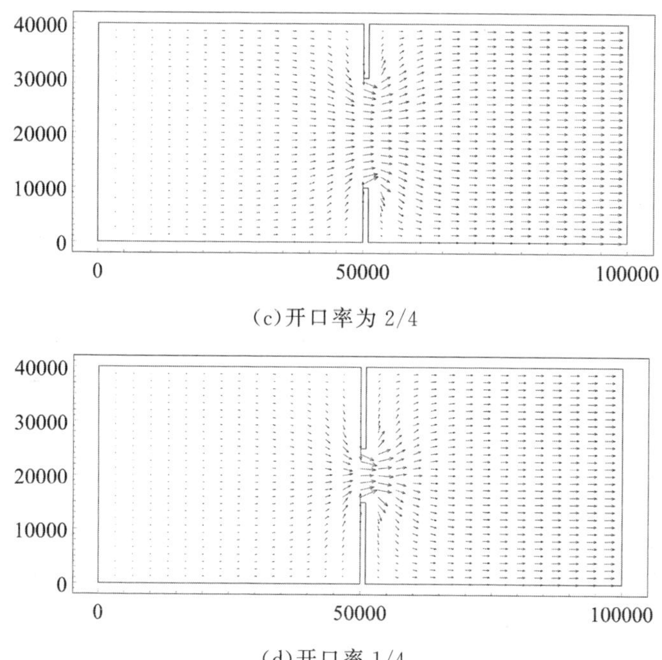

(c)开口率为 2/4

(d)开口率 1/4

图 4-4　四种开口率情况下落潮流场图

4.2.4　海湾开口率对海水交换能力影响的数值实验

4.2.4.1　海湾开口率对污染物的扩散速度的影响

为衡量不同开口率情况下海湾内水交换能力的变化，假设湾内整体的初始浓度为 1kg/m^3(如图 4-5)，通过对不同开口率情况 200 个周期后污染物浓度的下降情况来评估不同开口率下海湾的水交换能力。我们将若干周期后海湾湾内所剩余物质与初始物质总量的比率定义为残留率。图 4-6 表示不同开口率情况下矩形海湾残留率随时间变化的曲线。

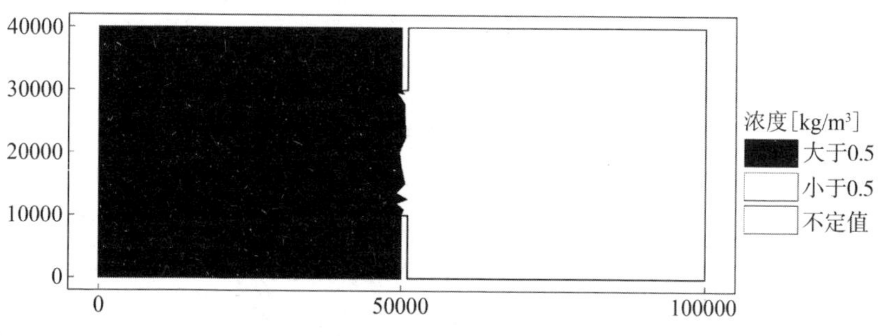

图 4-5　浓度分布图

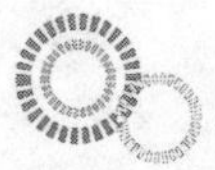

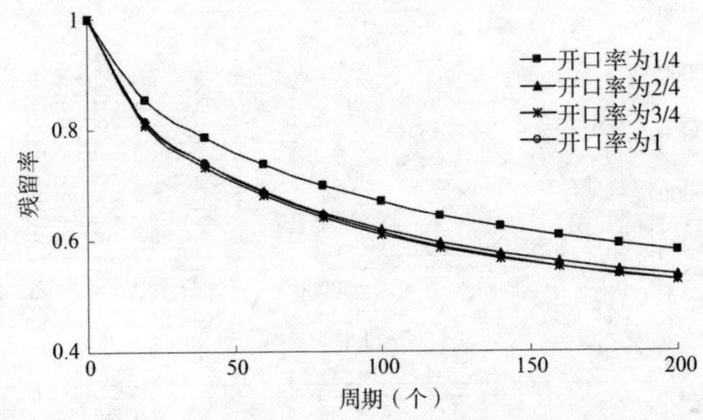

图 4-6　不同开口率情况下矩形海湾污染物残留率随时间变化的曲线

由图 4-6 可以看出:开口率为 2/4、3/4 和 1 的矩形海湾内污染物的残留率基本相同。前 100 个周期以内,开口率与污染物的残留率之间的关系为:开口率为 1/4 的理想矩形海湾内污染物残留率最高,开口率为 2/4 和 3/4 的矩形海湾内污染物的残留率基本相同,开口率为 1 的矩形海湾内污染物的残留率最小。100 个周期以后,开口率为 1/4 的理想矩形海湾内污染物残留率仍然最高,开口率为2/4 矩形海湾内污染物的残留率居中,开口率为 3/4 和 1 的矩形海湾内污染物的残留率基本无差异。因此,我们可以得出以下结论:

①开口率对海湾水交换能力有一定的影响。

②当开口率大于 1/2 时,增大开口率,对海湾水交换能力的影响甚微。常理上认为,开口率越大,水交换能力应该越强。但从图 4-6 可以看出,200 个周期后,开口率为 2/4、3/4 和 1 的海湾内污染物的残留率基本相同。从潮流过程观察,因为开口率减小,湾口的流速增加,反而增强了湾内水交换能力。

③开口率为 1/4 的海湾,虽然湾口流速增加,但是由于湾口太窄,严重阻碍了水交换的过程,因此开口率为 1/4 的理想矩形海湾的水交换能力最差,湾内污染物的残留率最高。所以当湾口小于 1/2 时,适当地增加开口率会有效地增强海湾内水交换能力。

4.2.4.2　污染物半交换周期等值线图

为了更清楚地衡量水交换能力的强弱,应用污染物半交换周期的计算方法,计算出四种情况下湾内各点污染物的半交换周期。采用污染物半交换周期等值线图的形式进行对比说明。图 4-7 为矩形湾内各点污染物浓度降到原有浓度一半时所需的周期的等值线图。

从图 4-7 可以看出:长期来看,当开口率大于 1/2 时,增大开口率对海湾内水交换能力还是有一定的影响,只是影响不显著。开口率越大,理想矩形海湾内同一点污染物浓度下降到一半时所需要的时间越短。

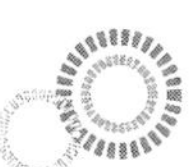

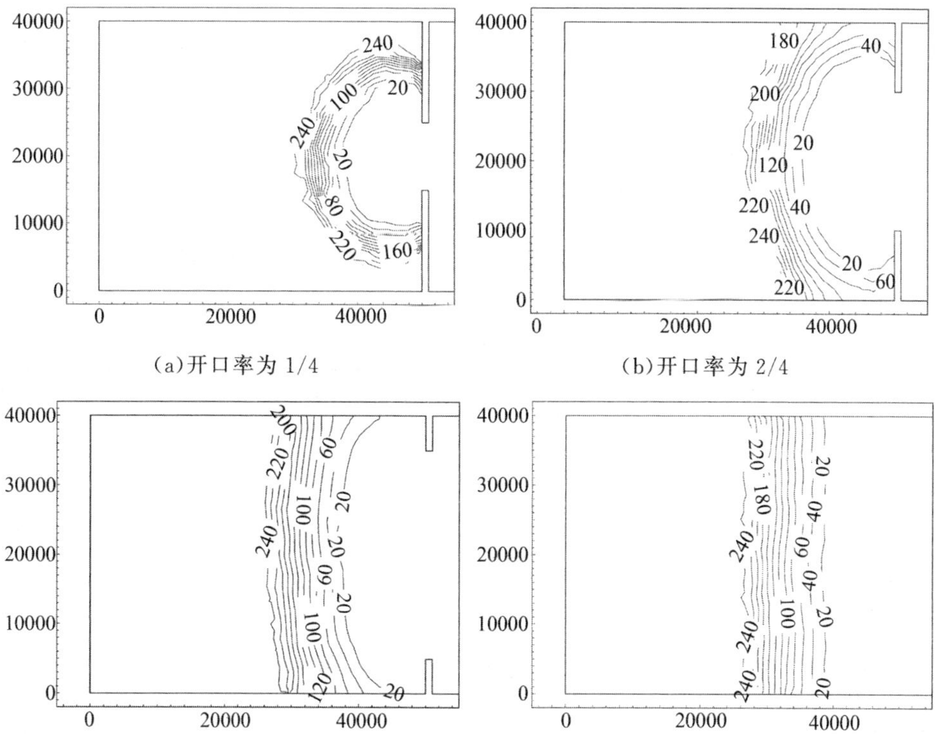

(a)开口率为 1/4

(b)开口率为 2/4

(c)开口率为 3/4

(d)开口率为 1

图 4-7　不同开口率的矩形海湾内各点的污染物半交换周期的等值线图

4.2.5　结果与分析

长期来看,海湾开口率对海水交换能力有一定的影响。开口率越大,污染物的扩散速度越快,海湾内同一点的污染物的半交换周期越短,同时也说明海湾的开口率越大,海湾内海水的交换能力越强。此结论与何磊[4]在研究中所得出的结论相一致。

4.3　数值实验二:封闭型海湾湾口深度改变对海水交换能力影响的数值实验

由 4.2 节的数值实验得知,海湾开口率对海湾水交换能力有一定的影响。尤其是开口率小于 1/2 的海湾,湾口的大小对海湾水交换能力有显著的影响。开口率越小,海湾内海水交换能力越弱。因此,封闭型海湾由于其靠海一侧开口较小,所以潮余流速度很小,存在海水停滞区域,和外海的水交换能力很弱。封闭型海湾湾内的水环境大多严重恶化。例如,位于山东半岛南部的胶州湾就是典型的封闭型海湾，污染极为严重。

本节讨论在海湾开口率不变的情况下，海湾湾口的深度对封闭型海湾海水交换能力的影响。

4.3.1 模型计算范围和控制条件

模拟地形是一个几乎封闭的正方形海湾。湾口幅为30m。湾内和湾外的水深不同，外海有潮流的作用。模型的计算范围为1500m×300m（图4-8），采用矩形网格剖分。具体计算的相关参数见表4-2。

表4-2 计算模型的相关参数

参数	空间步长	网格数	时间步长	潮周期	潮振幅	海湾内水深	海湾外水深
取值	$dx=dy=3$m	$n_x=500$ $n_y=107$	0.1s	1800s	0.5m	3.5m	10.5m

4.3.2 湾口地形的具体设置

假设实验中湾口水深发生变化的湾口面积为以100m为半径的四分之一圆（面积：7856m^2）。共设八种湾口水深不同的方案（表4-3）。为了便于说明和分析结果，定义填筑率$LV=V_1/V_A$。V_A为当湾口水深与湾外水深相同时，湾口水深与湾内水深有差异部分的体积；V_1表示在湾口水深等于湾外水深的基础上所填筑的体积。V_A、V_1示意如图4-8所示。

表4-3 八种方案的相关参数

方案	LV(%)	湾口水深(m)	湾内水深(m)	湾外水深(m)
方案一	0	−10.5	−3.5	−10.5
方案二	21.4%	−9	−3.5	−10.5
方案三	35.7%	−8	−3.5	−10.5
方案四	50.0%	−7	−3.5	−10.5
方案五	64.3%	−6	−3.5	−10.5
方案六	78.6%	−5	−3.5	−10.5
方案七	100%	−3.5	−3.5	−10.5
方案八	107.1%	−3	−3.5	−10.5

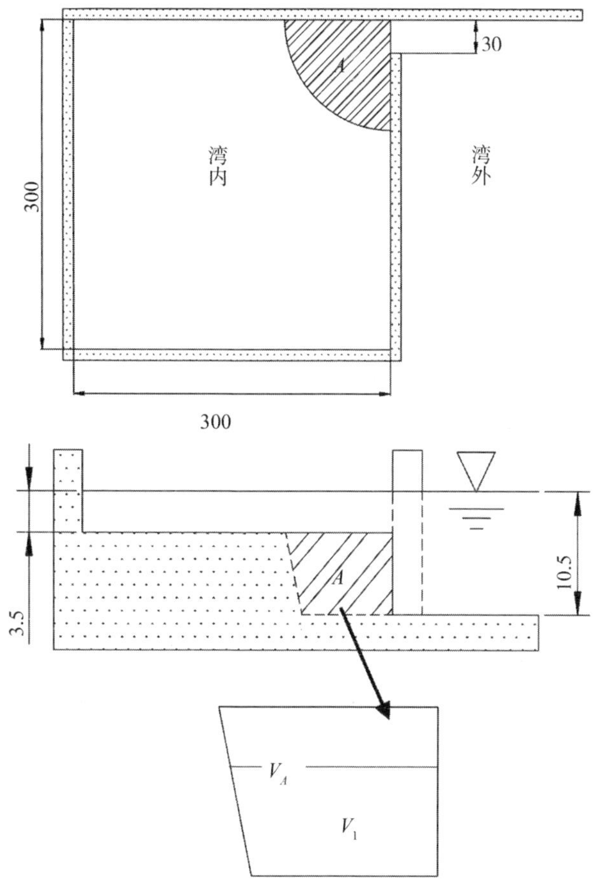

图 4-8　填筑率示意图

4.3.3　两种方案下的潮流场分析

从方案一(湾口水深为 10.5m)和方案七(湾口水深为 3.5m)两种情况下涨潮时的流场图可以明显看出:在方案一状态下湾内形成局部小环流,并且湾最内部(左下角)的海水得不到交换,形成停滞区域。但在湾口水深浅的情况下,湾内形成环流中心位于湾口附近的全体反时针水平环流,不存在任何停滞区域,并且湾口流速增强。从方案一(湾口水深为 10.5m)和方案七(湾口水深为 3.5m)两种情况下落潮最强时流场图可以明显看出:方案一状态下湾内落潮流速很小,并且流向各异,湾内存在更为明显的停滞区域。但方案七状态下落潮时形成环流中心位于中心附近的明显的反时针水平环流,无任何停滞区域。

由此对于湾口水深大,湾内存在停滞区域,水交换不畅的海湾,增加湾口区域海底高度,使水深变浅,那么湾口的流速将会增强(图 4-9)。

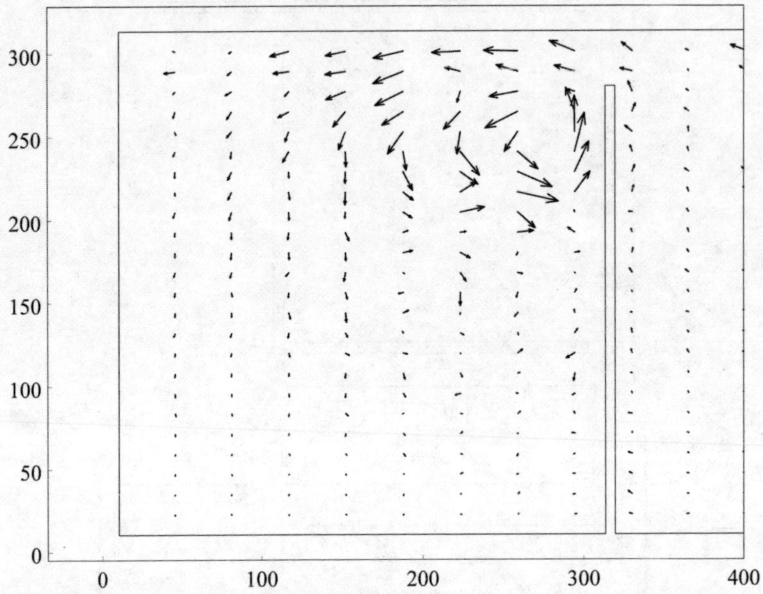

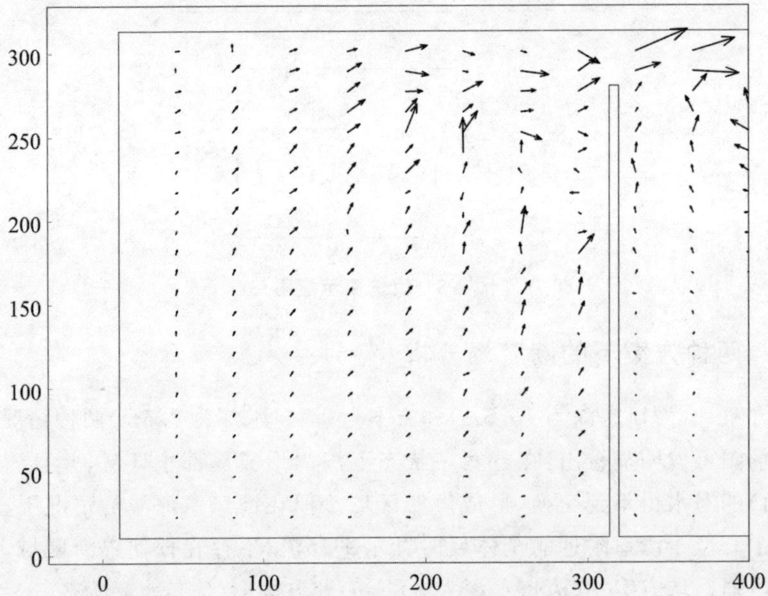

(a)方案一:涨潮和落潮时的流场图

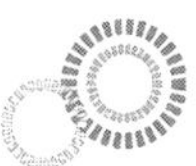

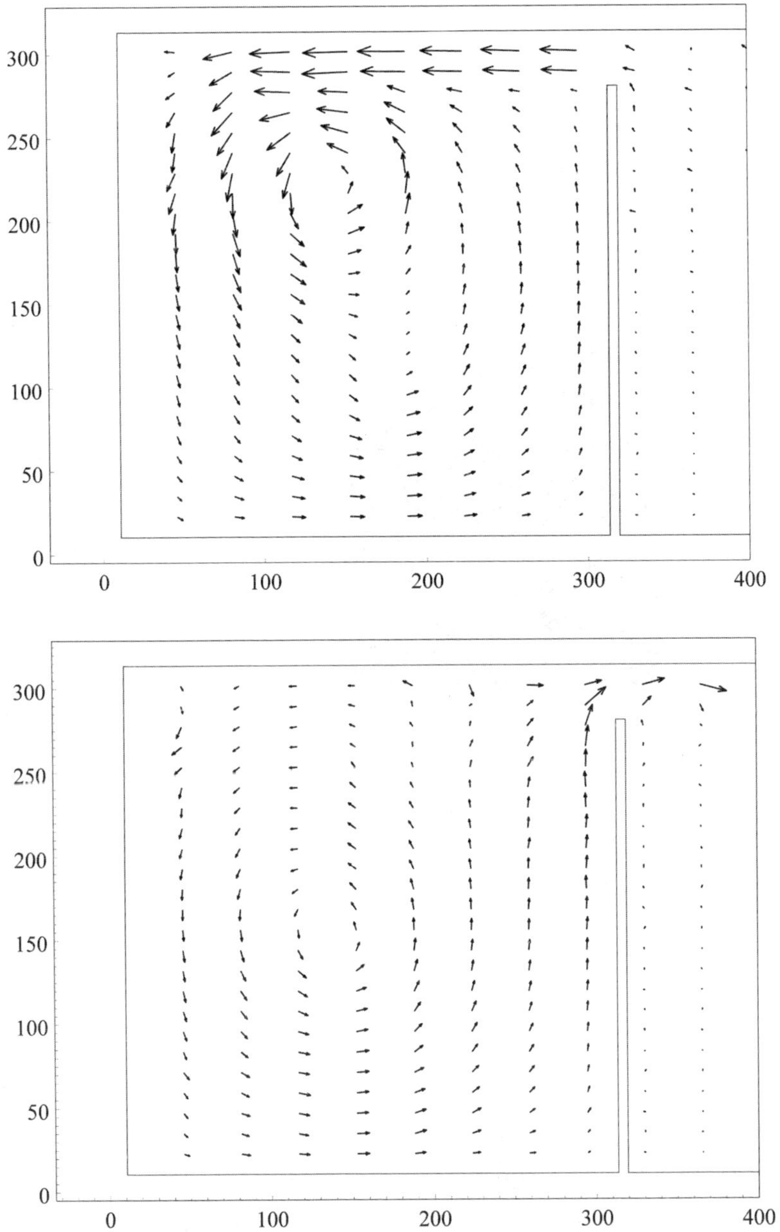

(b)方案七:涨潮和落潮时的流场图

图 4-9　方案一和方案七涨潮和落潮时的流场图

4.3.4　封闭型海湾湾口深度改变对海水交换能力影响的数值实验

通过计算湾口水深由深到浅的八种方案下十个周期后污染物残留率和半交

换时间，来讨论海湾湾口深度改变对海水交换能力的影响。

4.3.4.1 封闭型海湾湾口深度改变对污染物扩散速度的影响

为衡量封闭型海湾湾口深度不同的情况下海湾水交换能力的变化，假设正方形湾内海水中污染物的初始浓度为 $1kg/m^3$（图 4-10），通过对八种方案下 10 个周期后污染物浓度的下降情况和半交换时间来评估封闭型海湾湾口深度改变对海湾水交换能力的影响。表 4-4 表示八种方案下，十个周期后湾内污染物的残留率。

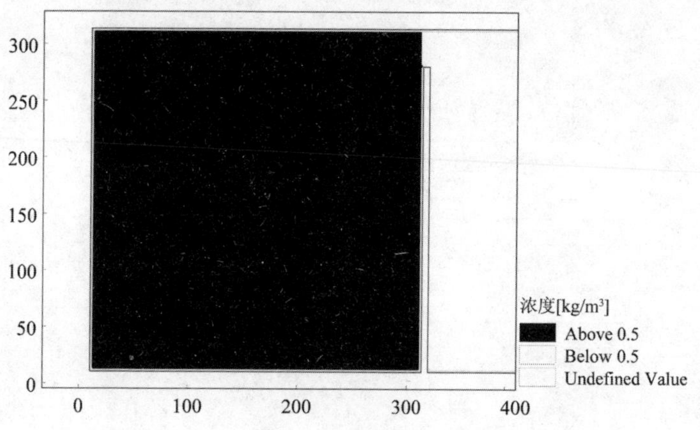

图 4-10 浓度分布图

表 4-4 十个周期后湾内污染物的残留率

方案	方案一	方案二	方案三	方案四	方案五	方案六	方案七	方案八
填筑率 LV(%)	0	21.4	35.7	50.0	64.3	78.6	100.0	107.1
残留率	0.48254	0.399	0.20616	0.13127	0.0737	0.07373	0.056	0.07217

首先，对方案一（湾口水深为 10.5m）和方案七（湾口水深为 3.5m）十个周期内污染物下降过程进行了对比，如图 4-11。由图中可以看出，湾口水深为 3.5m（方案七），即与湾内水深相同时，污染物下降得更快。所得结论与潮流场分析结果相同。

图 4-12 表示方案一到方案七在十个周期后湾内污染物的残留率。从模拟结果看出，湾内污染物的总量明显地受潮汐振荡的影响，落潮时，海流将污染物输送到外海，使得湾内被高浓度污染物的海水占据，引起湾内污染物总量升高。与此相反，涨潮时因与湾外水混合，湾内污染物总量明显下降。从图中我们可以更清楚地看出：湾口水深越浅，湾内水交换能力越强，污染物浓度下降得越快。

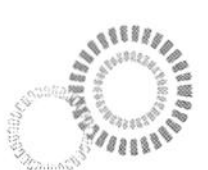

图 4-13 给出了方案七(水深为 3.5m)和方案八(水深为 3m)的对比图,从图中我们可以看出:当水深小于 3.5m 时,水深继续减少,十个周期后湾内污染物残留率却升高。由此可以推论:当湾口水深小于湾内水深时,就会对湾内水交换能力产生一定的阻碍作用。

图 4-14 为八种不同方案下(不同填筑率下),湾内污染物浓度下降到初始浓度一半时所需要的时间,即半交换时间。从图中我们可以看出:湾口水深越浅(填筑率越高),半交换时间越短,海湾水交换能力越强。方案七(填筑率为 100%)与方案一(填筑率为 0)相比,海湾水交换能力提高了 81.7%。

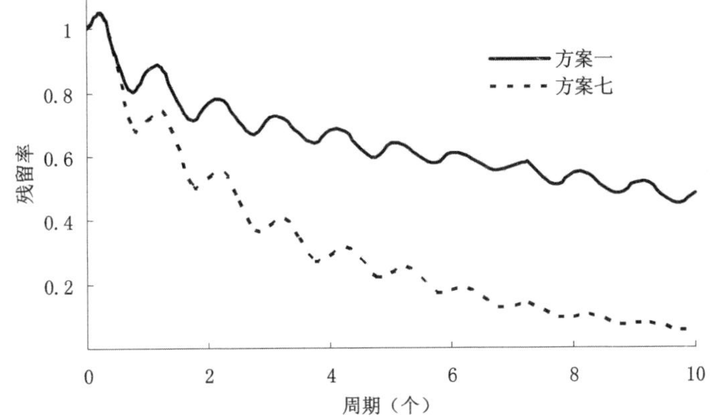

图 4-11　方案一和方案七在十个周期内污染物残留率对比图

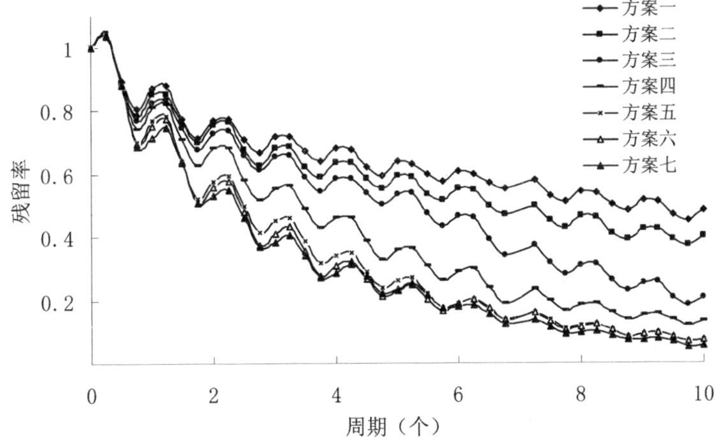

图 4-12　方案一到方案七在十个周期内污染物残留率对比图

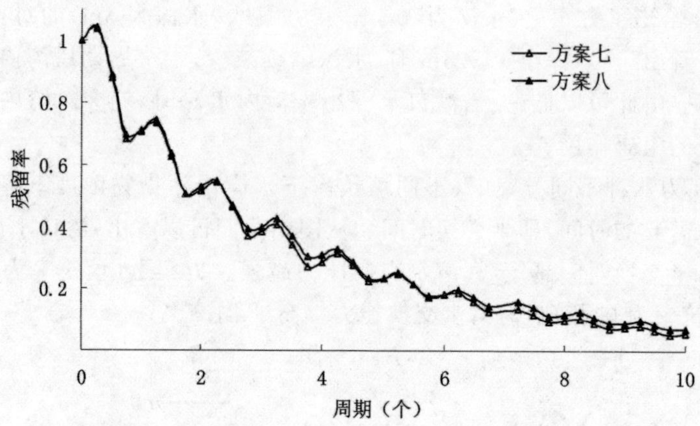

图 4-13　方案七和方案八在十个周期内污染物残留率对比图

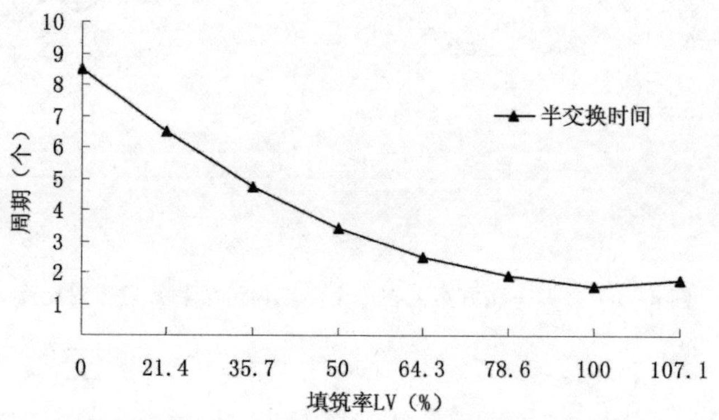

图 4-14　八种方案下污染物的半交换时间

4.3.4.2　污染物半交换周期的计算

为了更清楚地衡量湾内各点水交换能力的强弱，同时应用半交换周期的计算方法，计算出八种方案下湾内各点污染物的半交换周期。采用半交换周期等值线图的形式进行对比说明。假设正方形海湾内初始污染物浓度为 $1kg/m^3$，图4-15表示正方形海湾内各点污染物浓度降到原浓度一半时所需周期的等值线图。从污染物半交换周期等值线图中我们可以看到：湾口水深越浅，湾内同一点污染物浓度下降到初始浓度一半时所需要的周期越短，湾口水深越浅，湾内停滞区域越小。由此可以得出结论：湾口水深越浅，湾内外海水交换能力越强。

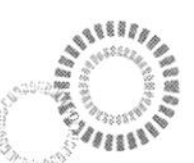

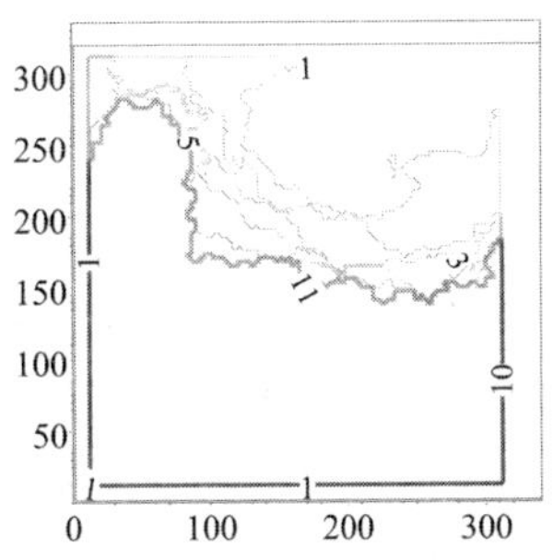

(a)方案一下污染物半交换周期等值线图

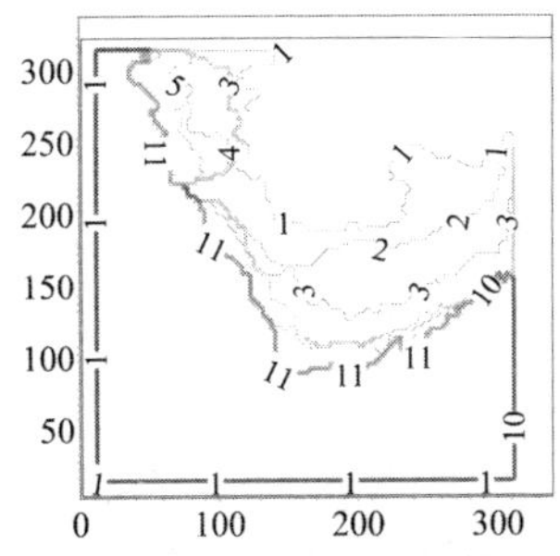

(b)方案二下污染物半交换周期等值线图

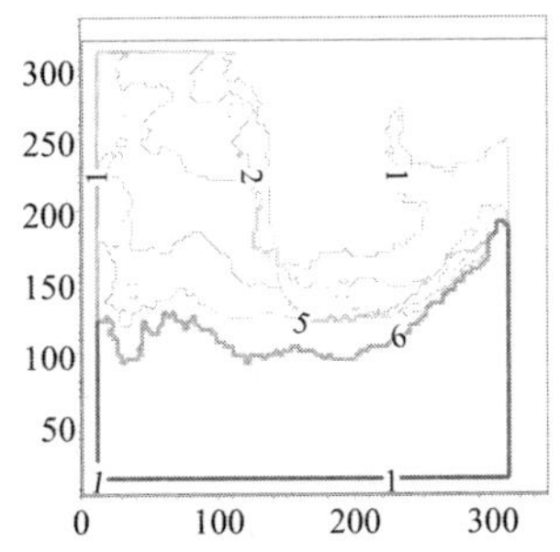

(c)方案三下污染物半交换周期等值线图

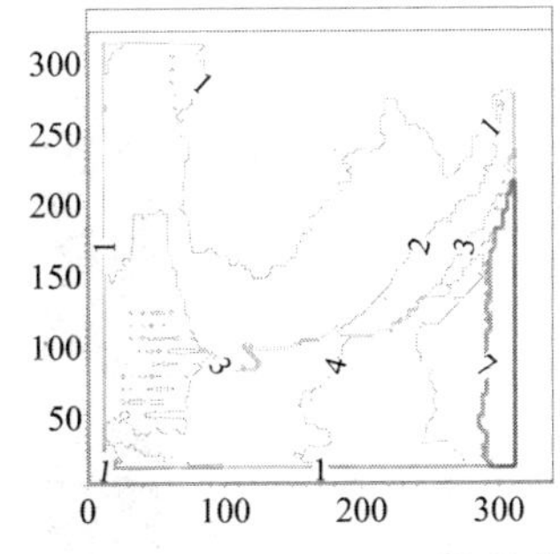

(d)方案四下污染物半交换周期等值线图

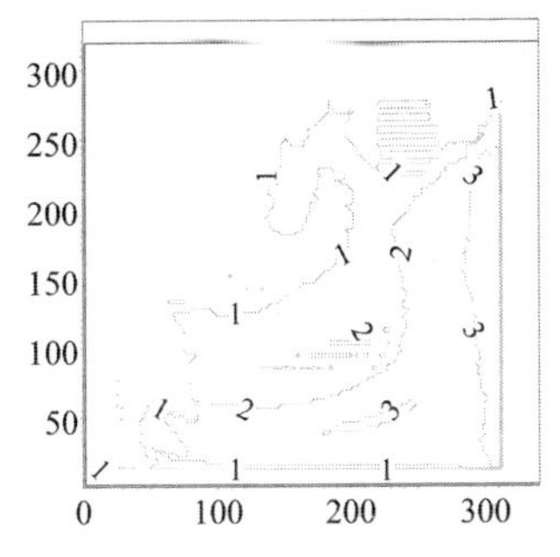

(e)方案五下污染物半交换周期等值线图

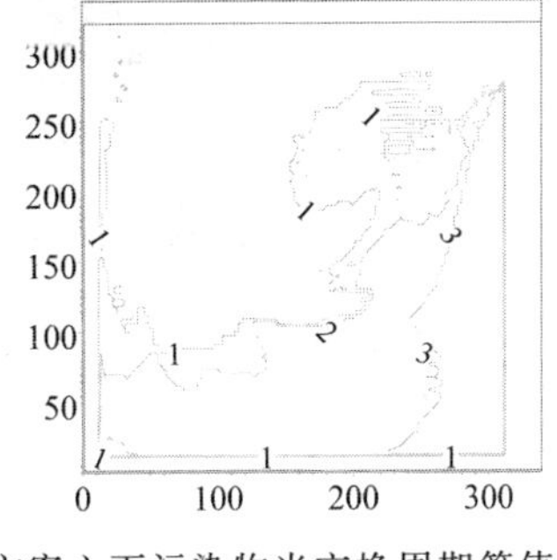

(f)方案六下污染物半交换周期等值线图

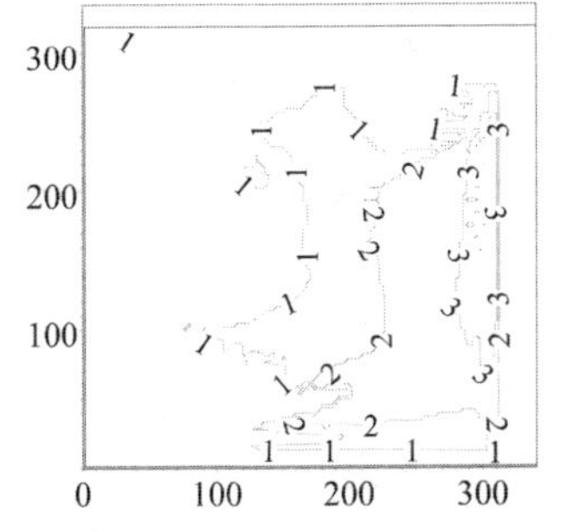

(g)方案七下污染物半交换周期等值线图

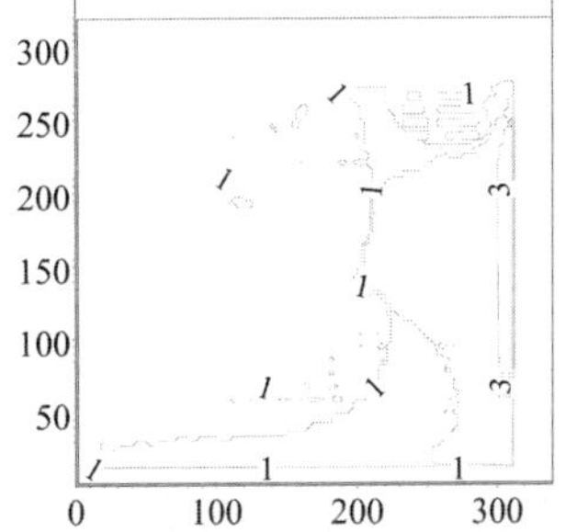

(h)方案八下污染物半交换周期等值线图

图 4-15　方案一到方案八污染物半交换周期等值线图

4.3.4.3 结果与分析

由以上分析可以得出:湾口水深逐渐变浅时,湾口流速逐渐增强,湾内逐渐形成反时针水平环流,海湾水交换能力逐渐增强。当湾口水深大于湾内水深时,水深越浅,湾口流速越大,湾内水平环流尺度越大,停滞区域越小,海湾内外水交换能力越强。当湾口水深等于湾内水深时,湾口流速达到最大,湾内形成最大尺度的反时针水平环流,停滞区域最小,海湾内外水交换能力最强。与湾口水深与外海水深相同情况下相比海水交换律提高 80%以上(见图 4-16)。当湾口水深小于湾内水深时,湾内水交换能力相对减弱。这和山崎等[62]的物理模拟实验结果相一致。

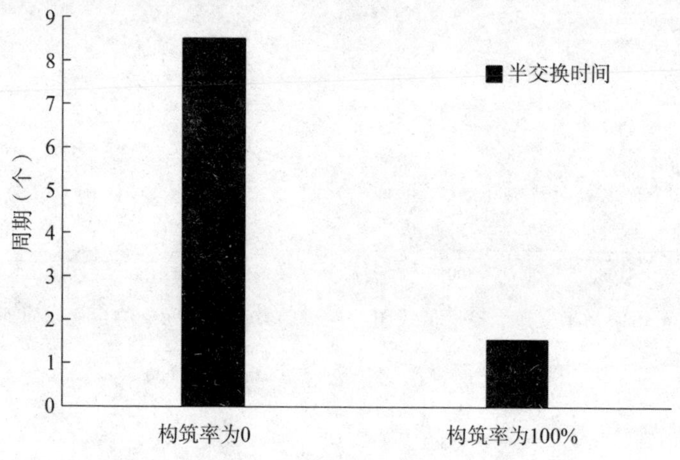

图 4-16 方案一和方案七半交换时间对比图

4.4 数值实验三:加筑构筑物对海湾水交换能力影响的数值实验

某些湾口方向与潮流方向垂直的海湾,虽然开口率为 1,并且湾口水深与外海水深相同,但是由于海湾狭长,因此潮波很难进入湾的最内部,湾内最靠里部水域的海水难以得到交换。然而在这样的海湾中,湾内部往往是停靠码头或排污口设置处,是污染最为严重的地带。海湾内和海湾外水交换能力不强,导致海湾内污染加剧。

本节对一理想矩形海湾进行了模拟,探讨通过在湾口增加构筑物来提高湾内水交换能力的可行性。

4.4.1 模型计算范围和边界条件

研究区域为理想的矩形海湾。面积大小为 $220 \times 60(m^2)$,如图 4-17 中

EFGH 部分。为了更真实地模拟外海潮流的运动形式，模型的计算范围为包括理想矩形海湾在内的大海域范围。由于在模型计算过程中闭边界 *CD* 会对潮流产生一定的影响，因此闭边界 *CD* 取得较远。本模型采用三角形网格剖分，模型计算范围及网格划分见图 4-17。

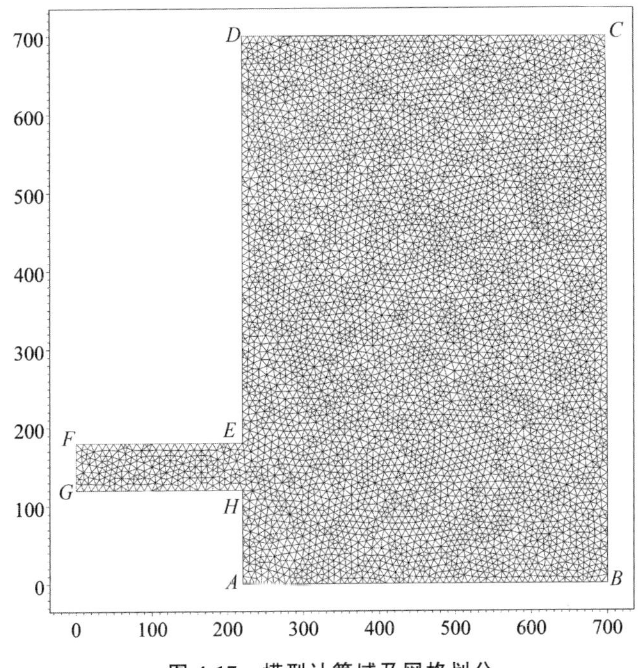

图 4-17　模型计算域及网格划分

4.4.2　边界条件

对于本次数值模拟方案，计算域内有一个开边界(*AB*)如图 4-17 所示。由边界 *AB* 给入振幅为 0.5m、周期为 1200s 的正弦波。本例中除 *AB* 边界，均视为闭边界。

4.4.3　潮流场图

为了证明模拟的合理性，给出了高潮时刻、平潮时刻、低潮时刻及停潮时刻的潮流图(图 4-18)。从图中可以看出，涨潮期外海流速较大，但海湾内流速较小，仅有少量海流进入湾内；平潮期内外海流均较小；落潮期外海流速增大，湾内流速仍很小；平潮期湾内外海流均较小，但在湾口处形成逆时针旋涡状，流速较大。

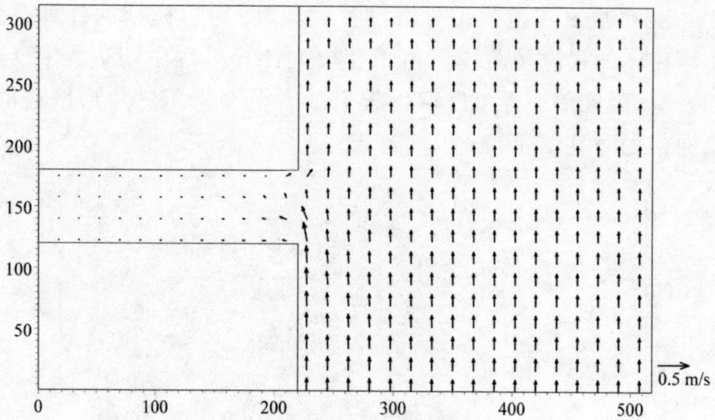

(a)高潮时刻流场图

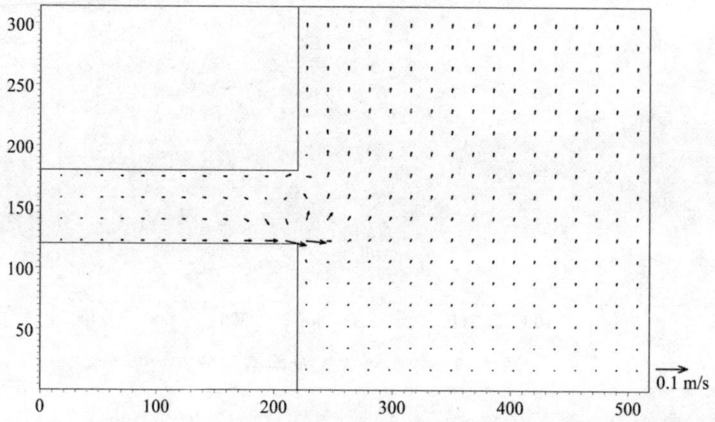

(b)平潮时刻流场图

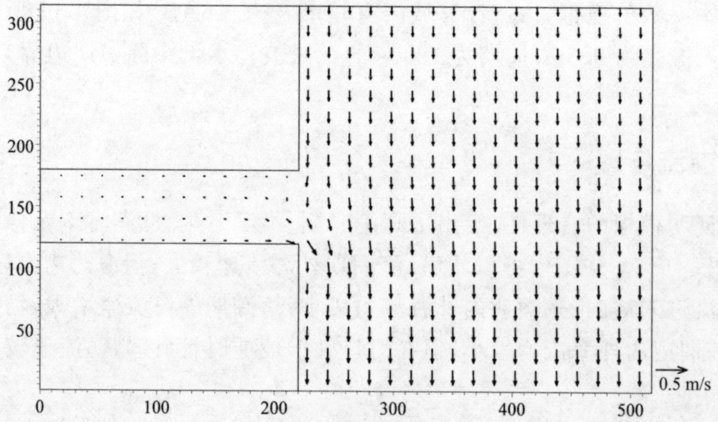

(c)低潮时刻流场图

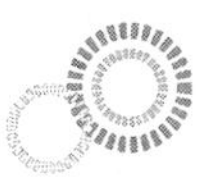

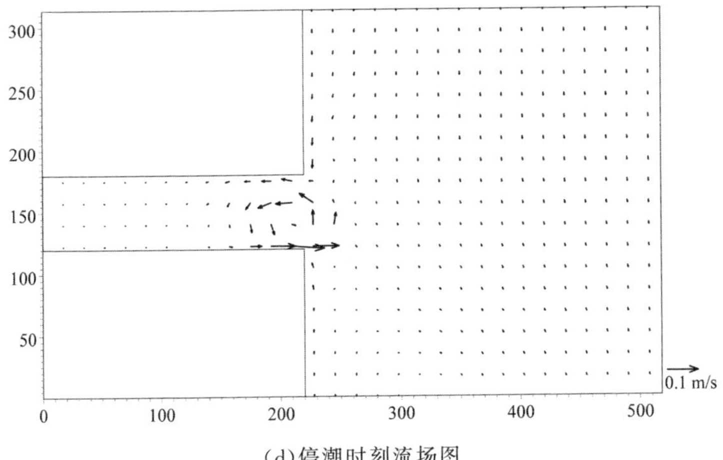

(d)停潮时刻流场图

图 4-18 高潮时刻、平潮时刻、低潮时刻及停潮时刻的流场图

4.4.4 增加构筑物对海湾水交换能力的影响研究实验

为增强海湾内海水的交换能力,可通过在湾口设置构筑物的方法将潮波导入湾内。本节的研究实验有两个目的。第一,确定设置构筑物是否能够提高海湾内海水的交换能力;第二,为使湾内海水的交换能力达到最大值。构筑物为长方体,长宽高比为 30∶1∶15。共六种设置方法(见图 4-19)。通过这六种设置方法来探讨构筑物放置的最佳位置。

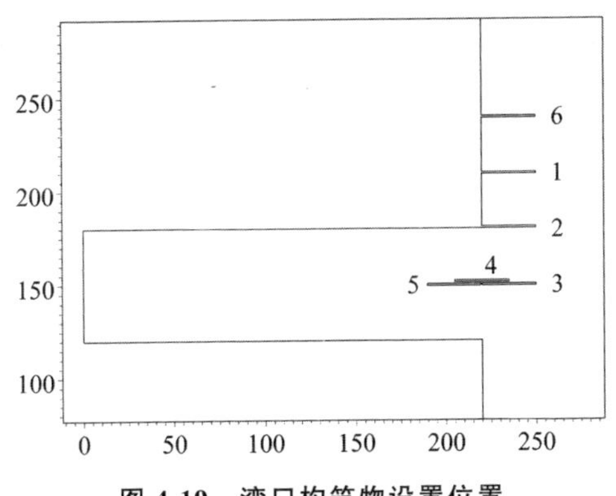

图 4-19 湾口构筑物设置位置

4.4.4.1 湾口加筑构筑物对污染物扩散速度的影响

此模型中假设初始状态下理想矩形海湾内海水中污染物浓度为 $1kg/m^3$(如图 4-20),理想矩形湾外海水中污染物浓度为 $0kg/m^3$。通过对十个周期后六种情况下矩形理想海湾内污染物的残留率来评估不同方案下海湾水交换能力的变化状况。图 4-21 和图 4-22 表示七种方案下矩形海湾内污染物的残留率。

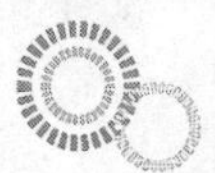

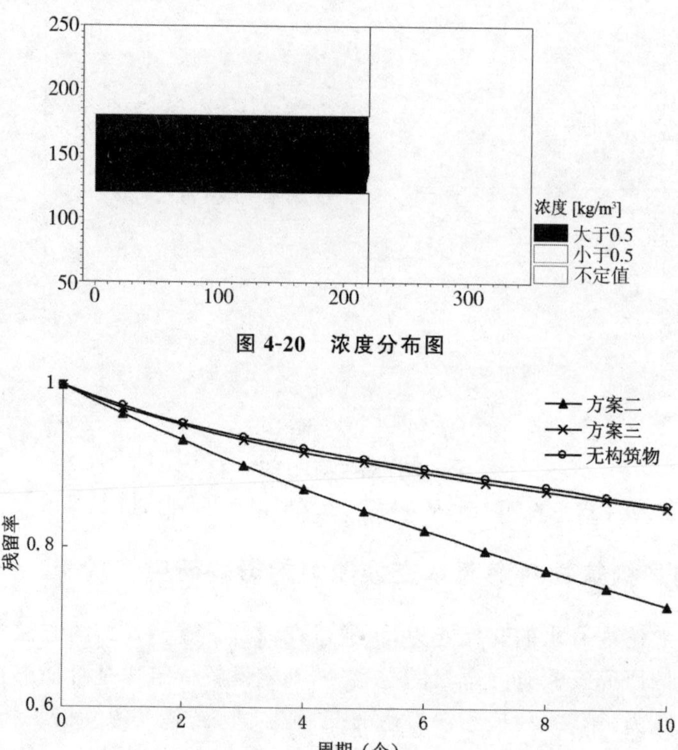

图 4-20　浓度分布图

图 4-21　方案二、三和无构筑物下矩形海湾内污染物的残留率对比图

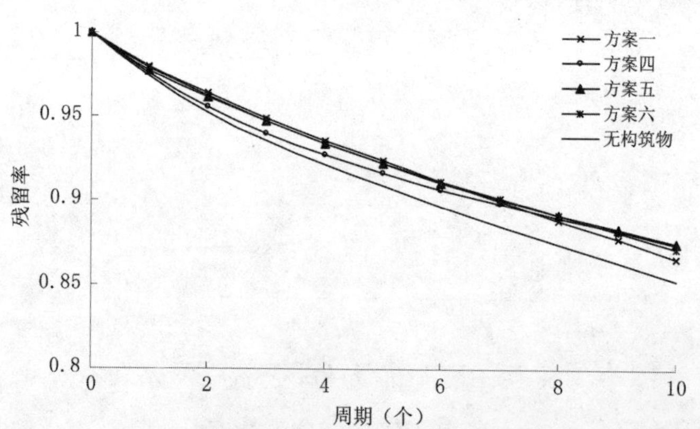

图 4-22　方案一、四、五、六和无构筑物下矩形海湾内污染物的残留率对比图

由图 4-21 和图 4-22 可以看出，十个周期后只有方案二和方案三情况下海湾内污染物的残留率小于未加筑构筑物的情况，其余方案下，污染物的残留率均大于未增加构筑物的情况。因此说明：在海湾一侧沿陆地走向并紧贴湾口增加一窄形构筑物或在湾口中心位置设置构筑物可以有效地增强湾内海水的交换能力，但在湾外部距离湾口较远位置设置构筑物则对湾内海水的交换作用产生阻碍作用。

由图 4-21 可以看出，在海湾一侧沿陆地走向并紧贴湾口增加一窄形构筑物能最有效增强海湾内海水的交换能力。由流场图分析得知：由于在海湾一侧紧贴湾口增加一窄形构筑物，涨潮时潮流在流经湾口时受到构筑物的阻挡，因此转流流向湾内。从设有构筑物的一侧流入，同时从另一侧流出，从而在湾口处形成一个较大范围的环流。由方案三的流场图可以看出：在湾口中间设置构筑物时，由于构筑物的阻碍作用，潮流由一侧绕过构筑物流向另一侧，但流入湾内的潮流流量改变不大，因此对海湾海水交换能力的提高有一定的作用，但是效果不明显。

由图 4-22 发现：在湾口中间靠湾内位置设置构筑物时，由于潮流从构筑物右侧绕流而过，因此不但没能降低湾内污染物的残留率，反而使海湾内污染物的残留率升高。

4.4.4.2　污染物半交换周期等值线图

为了更清楚地衡量水交换能力的强弱变化，采用污染物半交换周期的形式进行对比说明。图 4-23 为六种方案下矩形海湾内各点的半交换周期的等值线图。从污染物半交换周期等值线图中可以清楚地看到构筑物对潮流的影响。由七幅图的对比可以看出，方案二下，海湾内同一点污染物浓度降为初始浓度一半时所需时间最少，也就是方案二下海湾水交换能力最强。

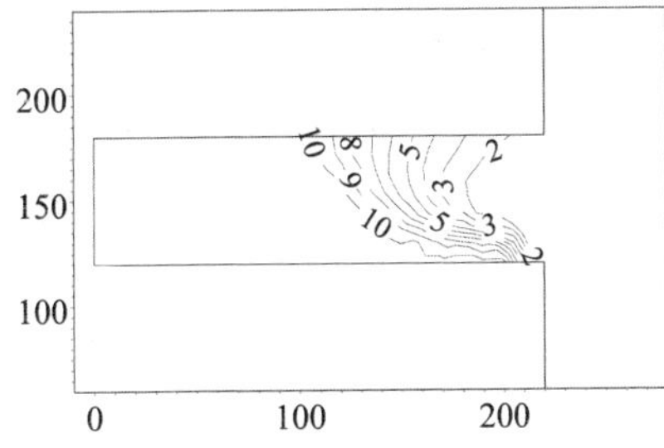

(a)无构筑物情况下矩形海湾内各点的半交换周期的等值线

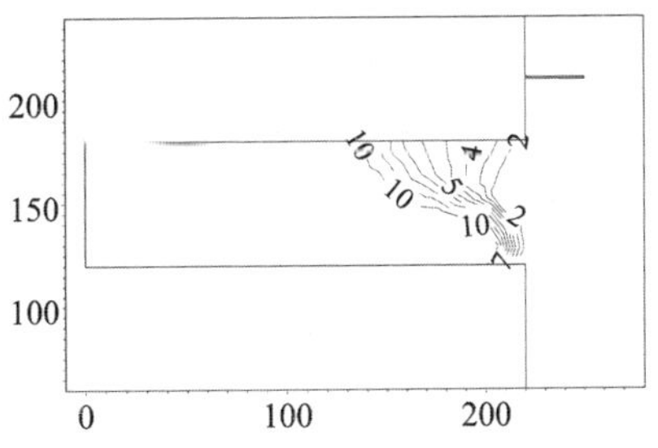

(b)方案一情况下矩形海湾内各点的半交换周期的等值线

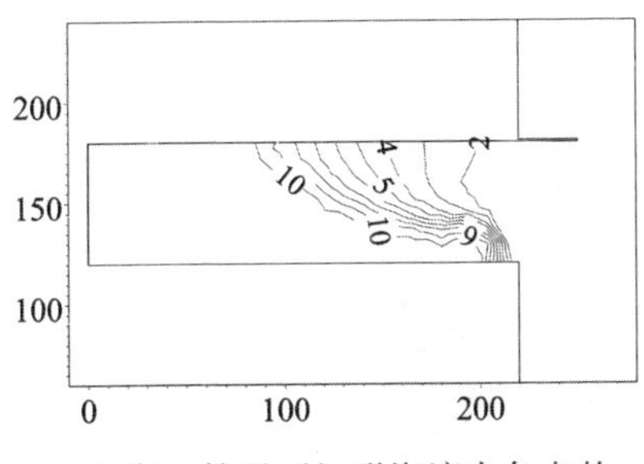

(c)方案二情况下矩形海湾内各点的半交换周期的等值线

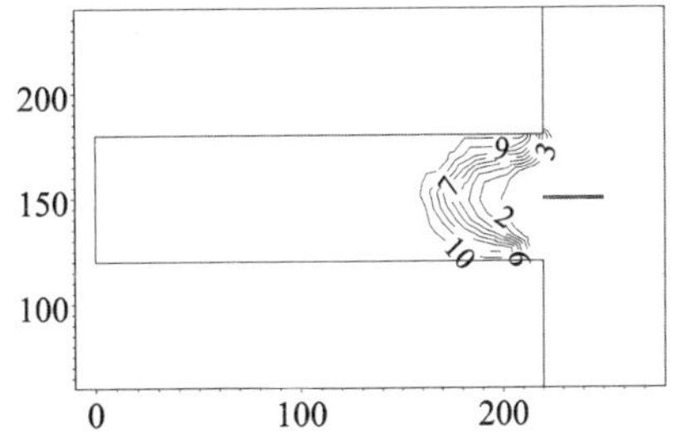

(d)方案三情况下矩形海湾内各点的半交换周期的等值线

图 4-23

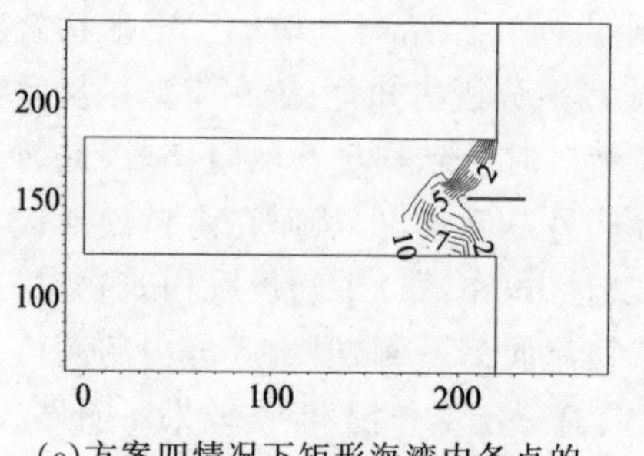

(e)方案四情况下矩形海湾内各点的半交换周期的等值线

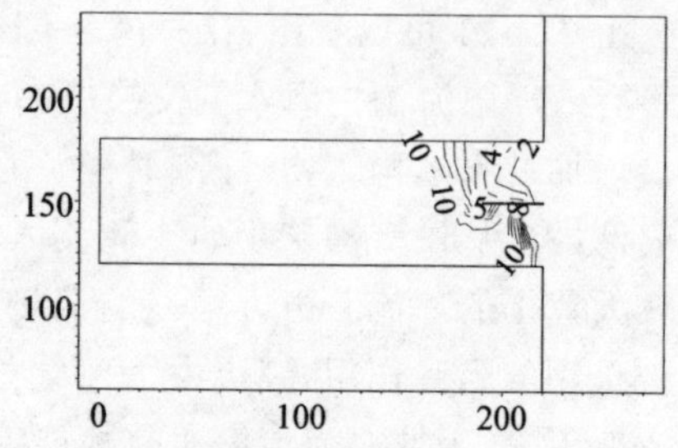

(f)方案五情况下矩形海湾内各点的半交换周期的等值线

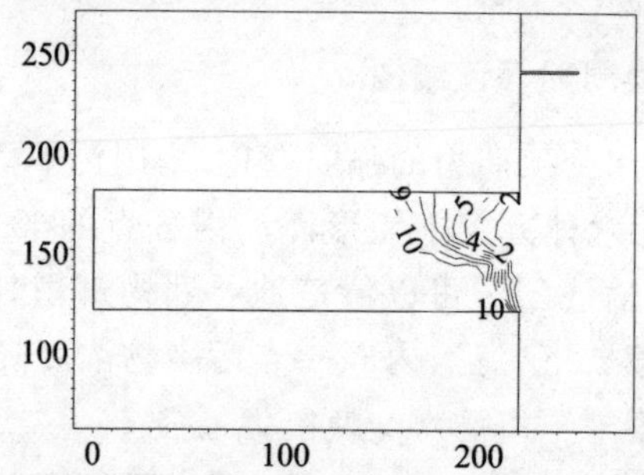

(g)方案六情况下矩形海湾内各点的半交换周期的等值线

图 4-23　六种方案和无构筑物情况下矩形海湾内各点的半交换周期的等值线

4.4.4.3　结果与分析

由以上分析可以得出:方案二,即在海湾一侧沿陆地走向并紧贴湾口增加一窄形构筑物,由于在涨潮时潮流在流经湾口时受到构筑物的阻挡,因此转流流向湾内。从设有构筑物的一侧流入,同时从另一侧流出,从而在湾口处形成一个较大范围的环流。因此能最有效地增强海湾的水交换能力。方案二与未加筑构筑物的情况相比,海水交换能力提高 17.2%(见图 4-24)。而其他方案:在湾外部距离湾口较远位置设加筑构筑物或在湾口中间靠湾内位置设置构筑物,均对湾内海水的交换作用产生阻碍作用。数值实验三所得结果与山崎[5]的物理模拟实验结果相同。

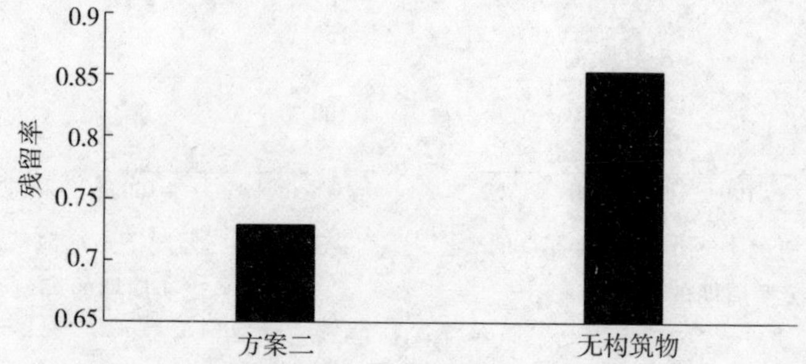

图 4-24　方案二和无构筑物下十个周期后污染物残留率对比图

参考文献

[1] 川村雅彦,清水号辅.明石海峡老を通じての.海水交换[J],海と空,1981,57(1):41-47.(日语)

[2] Luff R,Pohlmann T. Calculation of water exchange times in the ICES—boxes with a eulerian dispersion model using a half-lifetime approach[J]. Ocean Dynamics,1996,47(4):287-299.

[3] 吴桑云.海洋分类系统研究[J].海洋学报,2000,22(4):83-89.

[4] 何磊.海湾水交换数值模拟方法研究[D].天津大学学位论文,2004:25-31.

[5] 山崎宗広,村上和男,松本英雄,出路康夫,森田真治,和田诚.浚渫土沙を利用た湾口部地形改变による海水交换促进工法[C],海洋開発论文集,2003,19:911-915.(日语)

第五章　北黄海、渤海海区水动力模型的构建

5.1　FVCOM 模式简介

FVCOM(Finite Volume Coast and Ocean Model)是目前国际海洋界比较流行的河口、陆架海洋数值模式。该模式是由陈长胜教授为首的马萨诸塞州立大学海洋生态系统实验室(UMASSD)和伍兹霍尔海洋研究所(WHOI)联合开发的非结构网格、有限体积法、自由表面、三维原始方程的海洋数值模式[1]。FVCOM 模式使用的有限体积算法吸收了有限元法的几何灵活性和有限差分法的计算高效、离散结构简单的优点，不仅能够很好地拟合复杂的岸线，又能保证计算的效率，更好地保证复杂计算区域的计算过程中的质量、动量、温盐的守恒。模式水平方向上使用非结构网格对水平计算区域进行空间离散，垂向上使用 σ 坐标来拟合复杂的海底地形。模式水平混合计算使用 Smagorinsky 湍流闭合模型[2]，垂向混合使用的是 Mellor－Yamada 2.5 阶湍流闭合模型。模式采用类似于 POM(Princeton Ocean Model)海洋数值模式[3]的时间分裂算法，节省了计算时间。外模基于 CFL 条件和重力波波速，使用较短的时间步长，是基于二维垂向平均方程的正压模，内模基于 CFL 条件和内波波速，使用较长的时间步长，是基于三维方程的斜压模。

5.1.1　控制方程

FVCOM 模式在笛卡尔坐标系的三维原始控制方程包括连续性方程、动量方程、温度扩散方程、盐度扩散方程和密度方程。

(1)连续性方程

$$\frac{\partial u}{\partial x}+\frac{\partial v}{\partial y}+\frac{\partial w}{\partial z}=0 \tag{5-1}$$

(2)动量方程

$$\frac{\partial u}{\partial t}+u\frac{\partial u}{\partial x}+v\frac{\partial u}{\partial y}+w\frac{\partial u}{\partial z}-fv=-\frac{1}{\rho_0}\frac{\partial P}{\partial x}+\frac{\partial}{\partial z}\left(K_m\frac{\partial u}{\partial z}\right)+F_u \tag{5-2}$$

$$\frac{\partial v}{\partial t}+u\frac{\partial v}{\partial x}+v\frac{\partial v}{\partial y}+w\frac{\partial v}{\partial z}-fu=\frac{1}{\rho_0}\frac{\partial P}{\partial y}+\frac{\partial}{\partial z}\left(K_m\frac{\partial v}{\partial z}\right)+F_v \tag{5-3}$$

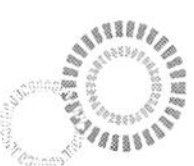

$$\frac{\partial P}{\partial z} = -\rho g \tag{5-4}$$

(3)温度扩散方程

$$\frac{\partial T}{\partial t} + u\frac{\partial T}{\partial x} + v\frac{\partial T}{\partial y} + w\frac{\partial T}{\partial z} = \frac{\partial}{\partial z}\left(K_h \frac{\partial T}{\partial z}\right) + F_T \tag{5-5}$$

(4)盐度扩散方程

$$\frac{\partial S}{\partial t} + u\frac{\partial S}{\partial x} + v\frac{\partial S}{\partial y} + w\frac{\partial S}{\partial z} = \frac{\partial}{\partial z}\left(K_h \frac{\partial S}{\partial z}\right) + F_S \tag{5-6}$$

(5)密度方程

$$\rho = \rho(T, S) \tag{5-7}$$

其中 x、y、z 分别代表笛卡尔坐标系中的 x 轴、y 轴和 z 轴；u、v、w 分别代表 x 轴、y 轴、z 轴方向的速度分量；T、S、P、ρ 分别代表温度、盐度、压强和密度；g 是重力加速度，f 是科氏力参数；K_m 为垂向涡动黏性系数，K_h 为垂向涡动黏性热扩散系数；F_u、F_v、F_T 与 F_S 分别为水平动量项、水平温度扩散项和水平盐度扩散项。

5.1.2　定解条件

(1)自由表面边界条件

在自由海面上，$\sigma=0$。

动力学边界条件为：

$$\left(\frac{\partial u}{\partial \sigma}, \frac{\partial v}{\partial \sigma}\right) = \frac{D}{\rho_0 K_m}(\tau_{sx}, \tau_{sy})；\omega = \frac{\hat{E} - \hat{P}}{\rho} \tag{5-8}$$

$$\frac{\partial T}{\partial \sigma} = \frac{D}{\rho c_p K_h}\left[Q_n(x, y, t) - SW(x, y, 0, t)\right] \tag{5-9}$$

$$\frac{\partial S}{\partial \sigma} = \frac{S(\hat{P} - \hat{E})D}{K_h \rho}；q^2 l = 0；q^2 = B_1^{2/3u_{\tau s}^2} \tag{5-10}$$

(2)海底边界条件

在海底边界上，$\sigma=-1$。

$$\left(\frac{\partial u}{\partial \sigma}, \frac{\partial v}{\partial \sigma}\right) = \frac{D}{\rho_0 K_m}(\tau_{bx}, \tau_{by})；\omega = \frac{\Omega_b}{\Omega} \tag{5-11}$$

$$\frac{\partial T}{\partial \sigma} = \frac{A_H D \tan\alpha}{K_h - A_H \tan^2\alpha} \frac{\partial T}{\partial n} \tag{5-12}$$

$$\frac{\partial S}{\partial \sigma} = \frac{A_H D \tan\alpha}{K_h - A_H \tan^2\alpha} \frac{\partial S}{\partial n}；q^2 l = 0；q^2 = B_1^{2/3u_{\tau b}^2} \tag{5-13}$$

其中，t_{sx}、t_{sy} 为海表面剪切应力，t_{bx}、t_{bv} 为海底摩擦力，u_t、u_{tb} 分别为海表面和海底对边界层的摩擦力，$Q_n(x, y, t)$ 为海表净热通量，$SW(x, y, 0, t)$ 为海表短波辐射通量，c_p 为海水的比热系数。

(3)闭合边界条件

闭合边界即陆地边界去向速度和通量为0,即

$$v_n = 0; \frac{\partial T}{\partial n} = 0; \frac{\partial S}{\partial n} = 0 \tag{5-14}$$

5.2 模型配置

5.2.1 计算区域网格和地形

模型的计算区域为117.57°E～126.91°E,36.15°N～40.94°N,包括渤海全部和北纬36.15度以北的黄海海区。水深数据来自etopo1卫星数据,近岸地区使用中国航海保证部出版的海图和实测水深进行调整。模型计算使用平均海面作为基准面,将不同基准的水深和开边界潮位数据统一换算到平均海面上。模型采用球面坐标系,利用SMS(Surface Water Model System)生成非结构三角形网格,对岸线复杂和地形变化明显的区域局部加密,开边界空间分辨率约为0.05°,岸线空间分辨率约为0.01°。整个计算区域由25849个节点和49692个单元组成,垂向上由5个不等间隔的σ层组成,分别为0m、5m、20m、40m、80m。较好地拟合了海底地形和海岸线,可以较好地反映真实的地形。图5-1和图5-2分别给出了模型计算区域的地形和水平网格分布图。

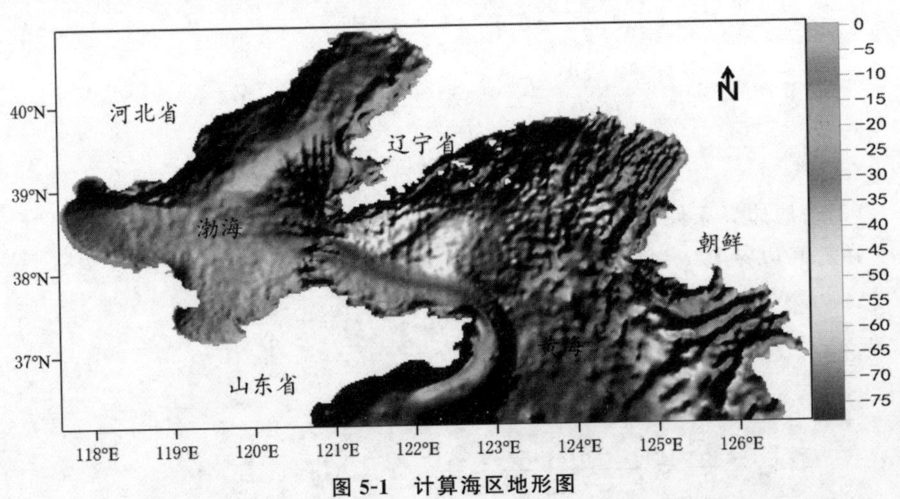

图5-1 计算海区地形图

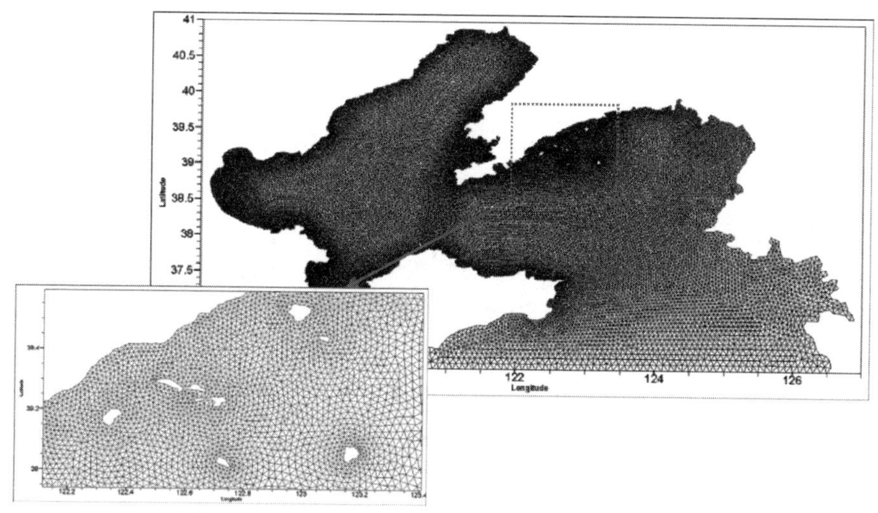

图 5-2　计算海区水平网格分布图

5.2.2　边界条件

(1)开边界

本文只有一条开边界，即 36.15°N 纬线。采用潮位控制，计算时给定开边界上不同节点处的潮位值；节点处的潮位值通过中国海洋大学开发的 ChinaTide 潮汐预报软件取得，而流速的初始场难以确定，因此从静水状态开始计算，一般经过 4～5 个潮周期流场即可到达稳定状态。

潮汐预报软件 ChinaTide 可以在给定计算点的经纬度及时间区间的情况下通过潮汐模型得到潮位过程。此模型可以考虑 Q_1、P_1、O_1、K_2、N_2、M_2、S_2、K_1、Sa 这 9 个主要分潮，其中 Sa 分潮为天文气象分潮。通过插值计算和数值计算，可以获得计算域内所有网格点上的 9 个分潮的调和常数。利用这些调和常数，通过内插，可按方程(5-15)进行海域内任意点的潮汐预报。

$$\eta = \sum_{i=1}^{n} f_i h_i \cos(\sigma_i t + v_{0i} + u_i - g_i), n = 9 \tag{5-15}$$

其中，h 为潮位，h_i、g_i 为第 i 个分潮的调和常数，σ 为分潮的角速度，t 为时间，f_i 为分潮的交点因子，v_{01} 为分潮的天文初位相，u_i 为分潮的交点订正角。

(2)闭边界

所谓闭边界条件，即水陆交界条件。在该边界上，水质点的法向流速为 0，即：

$$\frac{\partial u}{\partial n} = 0 \tag{5-16}$$

其中 n 为岸边界的法向。对于潮滩，水陆交界的位置随着潮位的涨落而变化，本模型中考虑了动边界内网格节点的干湿变化。

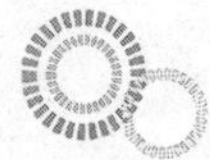

5.2.3 模型参数设置

(1)依据 CFL 稳定性条件,二维外模时间步长为 1s,内模时间步长为 10s。

(2)水平涡黏系数使用 Smagorinsky 湍闭合公式计算,本模型中设置为常数 0.2。

(3)垂向涡黏系数使用常数,设置为 10^{-4}。

(4)底摩擦可以由两种方式给出:底部粗糙高度和底部拖曳力系数,源代码摩擦系数默认为常数,但是采用空间变化的底部摩擦力能取得更好的模拟效果,因此本项目对 FVCOM 底摩擦项进行了修正。

FVCOM 的底拖曳力系数 C_d 的表达式为

$$C_d = \max\left[k^2/\ln\left(\frac{z_{ab}}{z_0}\right)^2, 0.0025)\right] \tag{5-17}$$

其中,$k=0.4$,为卡门常数,z_0 为海底粗糙高度,其值与床面泥沙粒径、级配和穿棉几何形状相关。因此,C_d是与水深和底质类型相关的参数。对于不同底质的海床,C_d的值相差很大,对于淤泥质海床,C_d远小于 0.0025,这种情况下使用方程(5-17)来计算 C_d 显然不合适。因此,本项目借鉴丹麦水力研究所开发的 MIKE 软件中描述底摩擦的方式来描述底摩擦。

通过修改源代码,本文使用空间变化的底拖曳力系数来描述底摩擦。公式如下:

$$C_f = \frac{1}{\left(\frac{1}{\kappa}\ln\left(\frac{\Delta z_b}{z_0}\right)\right)^2} \tag{5-18}$$

$$z_0 = mk_s \tag{5-19}$$

$$M = \frac{25.4}{k_s^{\ 1/6}} \tag{5-20}$$

其中 m 为常数,一般取值为 1/30,C_f为底拖曳力系数,k_s是底部粗糙高度,z_0是海床粗糙尺度,Δz_b是为最底部水层厚度,M 为曼宁系数。曼宁系数越大,底摩阻越小,反之底摩阻越大。本项目经过多次数值实验,确定的曼宁系数空间分布如图 5-3 所示。通过计算出的空间变化的曼宁系数,使用方程(5-18)～方程(5-20)来计算底拖曳力系数 C_f。

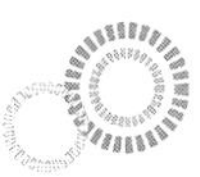

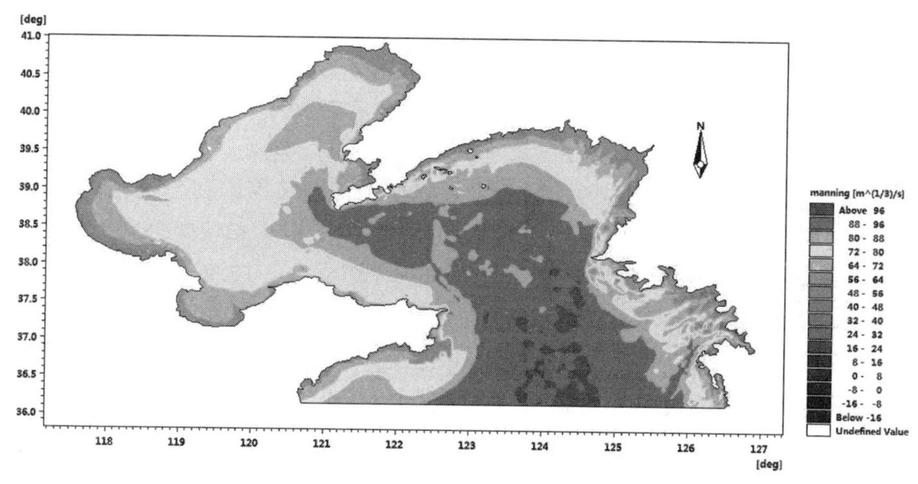

图 5-3 曼宁系数的空间分布

5.3 模型验证

5.3.1 潮汐验证

潮位验证资料来自潮汐表，调和常数验证资料来自实测调和常数，潮流验证资料来自实测海流资料，对模式后 60 天的输出结果进行准调和分析，得到研究区域的潮汐调和常数。其中调和常数、潮汐表和潮流验证点的分布如图 5-4 所示。

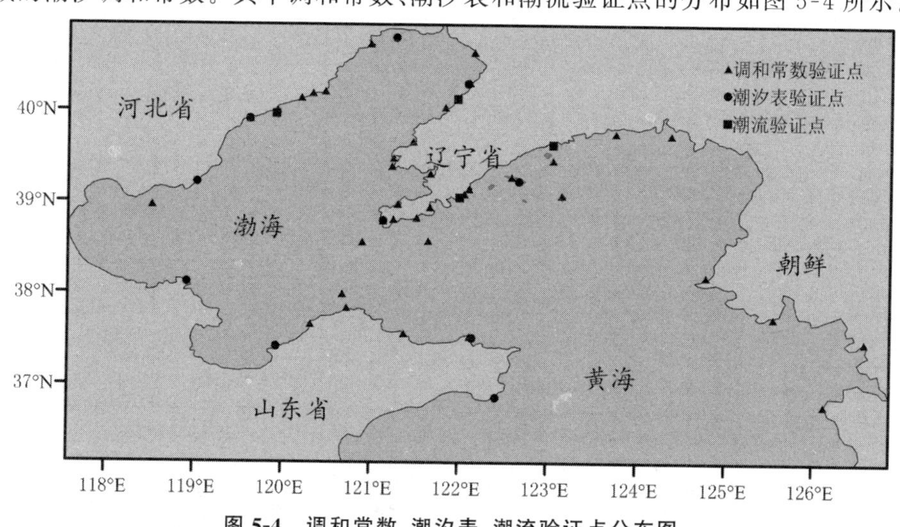

图 5-4 调和常数、潮汐表、潮流验证点分布图

模型计算时间为 2015 年 4 月 15 日 0 时至 2015 年 6 月 15 日 0 时共 61 天，每小时输出一次潮流场的计算结果。使用 T_Tide[4] 对后 60 天的计算结果进行准

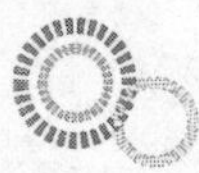

调和分析,得到各个验证潮位站的调和常数。由于验证潮位站不一定位于三角网格的顶点上,本文选取最靠近验证潮位站的三角形顶点的调和常数来近似代替潮位站的调和常数。

(1)调和常数验证

37 个调和常数验证点观测的调和常数同模型计算结果调和分析得到的调和常数对比见表 5-1。可以看出,M_2、S_2、K_1、O_1振幅的绝对平均误差分别为 5.0cm、4.9cm、3.0cm、2.0cm,迟角的绝对平均误差分别为 9.9°、10.8°、22.5°、5.2°。计算振幅和实测振幅相差不大,M_2、O_1分潮的迟角和实测迟角也比较接近,而 S_2、K_1迟角相差较多,原因可能是开边界条件中 S_2、K_1分潮偏小。但总体来讲,调和常数的计算值与实测值吻合良好,结果比较令人满意。

表 5-1 潮位站计算调和常数和观测调和常数对比表

序号	M_2				S_2				K_1				O_1			
	振幅(m)		迟角(°)		振幅(m)		迟角(°)		振幅(m)		迟角(°)		振幅(m)		迟角(°)	
	obs	cal	obs	cal	obs	cal	obs	cal	obs	cal	obs	cal	obs	cal	obs	cal
1	1.87	1.8	244	255	0.56	0.69	300	292	0.38	0.35	329	306	0.27	0.26	286	293
2	2.85	2.92	110	111	1.09	1.31	168	153	0.39	0.3	290	262	0.28	0.26	252	247
3	1.12	1.15	184	186	0.38	0.47	235	221	0.34	0.31	311	282	0.24	0.24	253	269
4	2.1	2	242	256	0.69	0.76	297	294	0.4	0.35	329	306	0.28	0.26	287	294
5	1.14	1.07	275	283	0.36	0.43	331	318	0.33	0.28	352	322	0.23	0.2	304	311
6	1.98	1.95	120	124	0.74	0.88	172	160	0.34	0.31	299	270	0.31	0.26	257	258
7	2.2	2.15	84	83	0.78	1	138	118	0.37	0.29	279	254	0.28	0.24	239	242
8	0.54	0.56	83	93	0.16	0.21	140	125	0.35	0.32	77	54	0.26	0.26	34	35
9	0.93	0.9	146	162	0.27	0.3	210	197	0.36	0.38	103	78	0.28	0.3	54	53
10	0.39	0.36	150	169	0.11	0.12	216	193	0.37	0.33	103	80	0.27	0.27	50	54
11	0.43	0.44	30	54	0.14	0.18	87	88	0.3	0.28	65	46	0.21	0.23	26	30
12	0.13	0.14	170	188	0.02	0.03	227	179	0.37	0.3	107	82	0.26	0.26	52	57
13	0.06	0.06	202	280	0.03	0.02	14	65	0.34	0.29	105	85	0.25	0.26	57	60
14	0.14	0.15	308	328	0.02	0.06	27	43	0.27	0.28	102	89	0.21	0.26	57	63
15	0.6	0.51	299	319	0.05	0.19	10	355	0.06	0.07	13	11	0.04	0.08	11	36
16	0.56	0.42	283	308	0.1	0.15	1	344	0.09	0.08	238	217	0.07	0.09	143	149
17	0.62	0.56	300	306	0.18	0.21	355	340	0.21	0.21	308	282	0.13	0.13	254	244

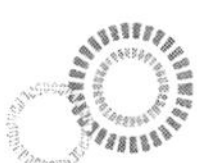

续表

序号	M_2				S_2				K_1				O_1			
	振幅(m)		迟角(°)		振幅(m)		迟角(°)		振幅(m)		迟角(°)		振幅(m)		迟角(°)	
	obs	cal	obs	cal	obs	cal	obs	cal	obs	cal	obs	cal	obs	cal	obs	cal
18	0.76	0.66	290	295	0.22	0.25	345	329	0.16	0.16	295	267	0.09	0.1	234	215
19	0.53	0.4	292	302	0.14	0.14	357	336	0.12	0.12	233	215	0.1	0.13	160	160
20	0.4	0.33	316	341	0.13	0.09	38	35	0.2	0.17	200	185	0.17	0.19	138	143
21	0.73	0.64	74	74	0.2	0.2	148	123	0.31	0.29	153	127	0.25	0.28	94	96
22	0.25	0.23	162	176	0.05	0.07	205	188	0.33	0.31	91	81	0.25	0.27	53	55
23	1.26	1.31	143	165	0.34	0.4	206	213	0.38	0.43	101	79	0.29	0.32	51	49
24	1.2	1.23	125	138	0.37	0.42	188	176	0.43	0.41	85	66	0.3	0.31	46	43
25	0.89	0.95	111	124	0.23	0.33	175	159	0.36	0.38	86	61	0.27	0.29	35	40
26	0.47	0.43	29	43	0.14	0.18	78	77	0.33	0.26	71	44	0.2	0.22	30	29
27	0.65	0.63	24	37	0.22	0.25	83	78	0.27	0.27	67	44	0.2	0.21	26	30
28	0.56	0.54	348	7	0.18	0.21	44	44	0.25	0.24	54	30	0.19	0.2	10	18
29	0.61	0.56	320	333	0.2	0.22	19	9	0.13	0.16	39	16	0.13	0.13	5	12
30	0.84	0.76	299	310	0.26	0.29	355	347	0.22	0.2	13	345	0.16	0.15	335	341
31	0.89	0.73	293	296	0.26	0.28	351	332	0.23	0.18	3	323	0.19	0.1	331	319
32	0.9	0.81	289	302	0.3	0.31	345	338	0.2	0.21	352	336	0.2	0.15	316	331
33	0.99	0.92	289	293	0.29	0.37	344	328	0.27	0.25	0	328	0.2	0.18	319	321
34	1.15	1.1	275	281	0.34	0.43	327	316	0.29	0.28	345	321	0.23	0.21	307	310
35	1.32	1.2	265	270	0.42	0.48	321	305	0.33	0.3	342	315	0.25	0.22	304	304
36	1.27	1.2	253	255	0.43	0.48	305	290	0.37	0.3	329	305	0.25	0.21	297	294
37	1.58	1.52	256	260	0.46	0.62	316	296	0.35	0.33	339	309	0.25	0.24	295	297

对表 5-1 中的 37 个验潮站的观测调和常数和计算调和常数进行相关性分析，得到四个主要分潮模拟结果同观测结果的相关性曲线，见图 5-5 和图 5-6。可以看出，四个分潮振幅的相关性的可决系数（R^2）分别为 0.99187、0.97359、0.91304、0.86013；迟角相关性的可决系数分别为 0.9938、0.98592、0.99781、0.99619。这说明潮流场的模拟结果和观测结果高度相关，拟合优度十分令人满意。

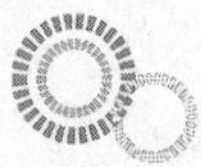

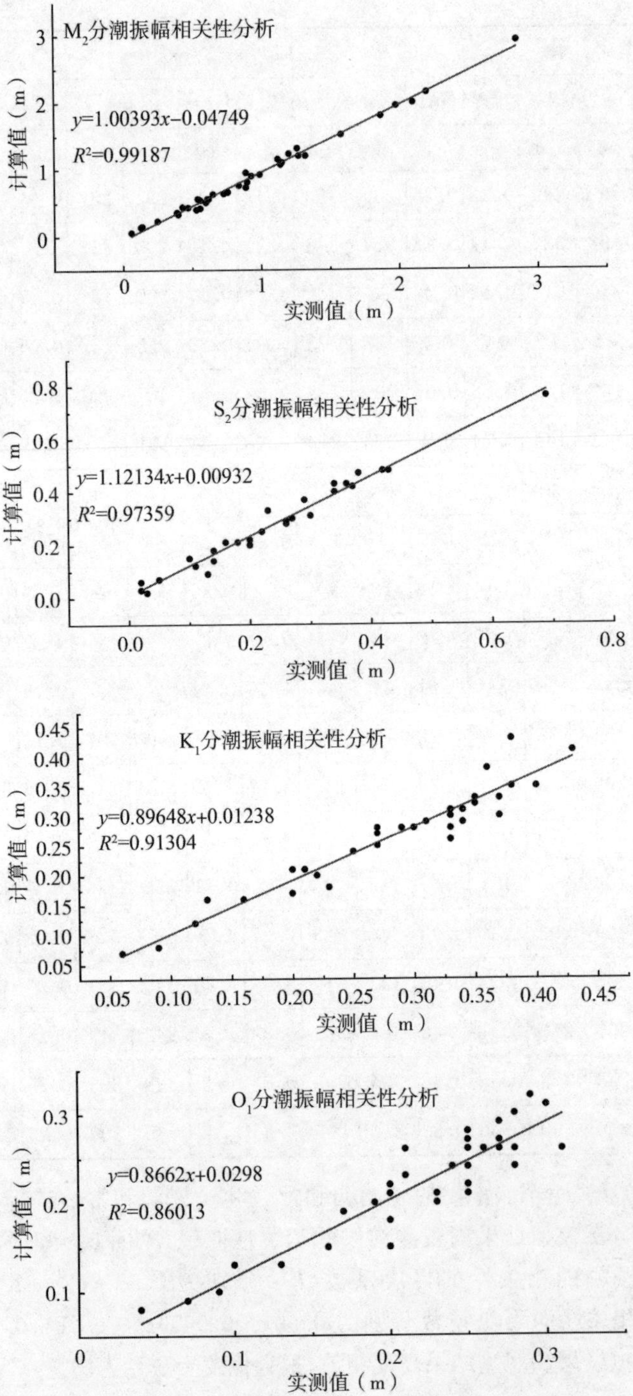

M_2分潮振幅相关性分析
y=1.00393x−0.04749
R^2=0.99187
计算值（m）
实测值（m）
0
1
2
3
S_2分潮振幅相关性分析
y=1.12134x+0.00932
R^2=0.97359
计算值（m）
实测值（m）
0.0
0.2
0.4
0.6
0.8
K_1分潮振幅相关性分析
y=0.89648x+0.01238
R^2=0.91304
计算值（m）
实测值（m）
0.05
0.10
0.15
0.20
0.25
0.30
0.35
0.40
0.45
O_1分潮振幅相关性分析
y=0.8662x+0.0298
R^2=0.86013
计算值（m）
实测值（m）
0
0.1
0.2
0.3

图 5-5　四个主要分潮振幅模拟结果和观测结果的相关性

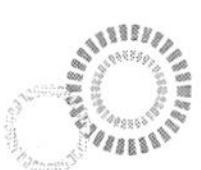

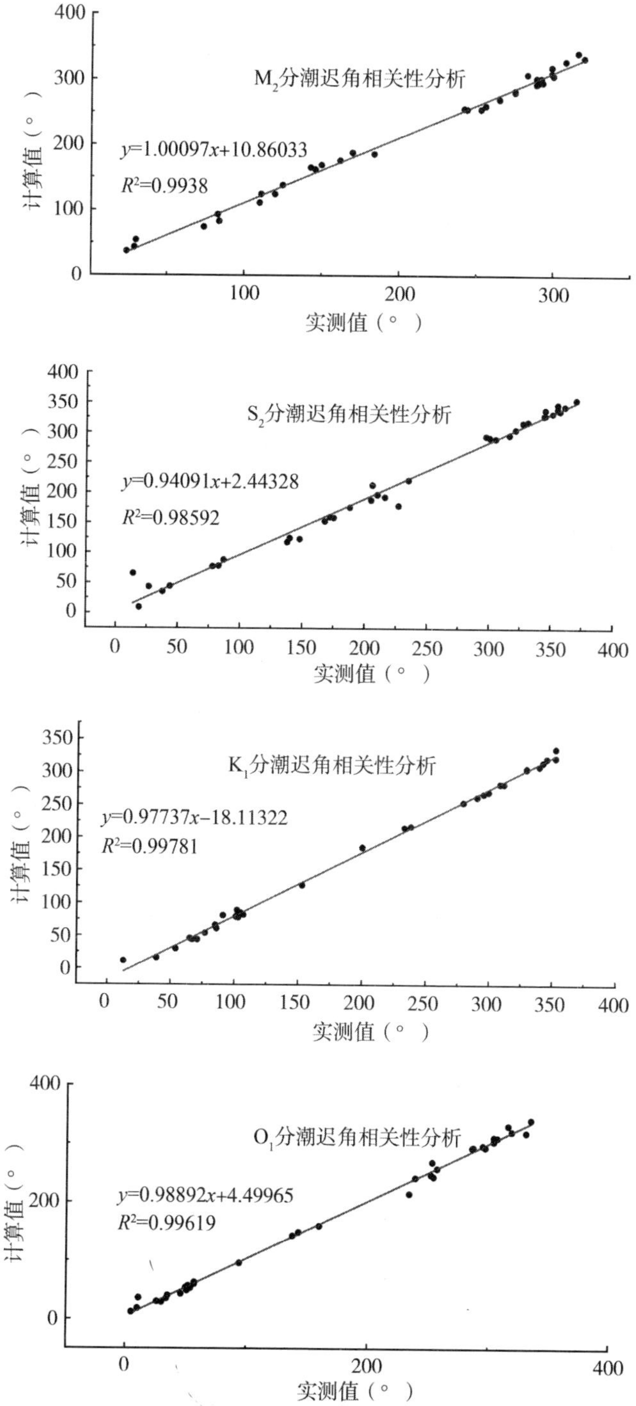

M2分潮迟角相关性分析
y=1.00097x+10.86033
R2=0.9938
计算值（°）
实测值（°）
0
100
200
300
400
S2分潮迟角相关性分析
y=0.94091x+2.44328
R2=0.98592
计算值（°）
实测值（°）
0
50
100
150
200
250
300
350
400
K1分潮迟角相关性分析
y=0.97737x−18.11322
R2=0.99781
计算值（°）
实测值（°）
O1分潮迟角相关性分析
y=0.98892x+4.49965
R2=0.99619
计算值（°）
实测值（°）

图 5-6　四个主要分潮迟角模拟结果和计算结果的相关性

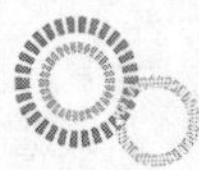

(2)潮汐表潮位验证

由于实测的调和常数验证点分布不够均匀,本项目将模型计算结果同潮汐表中的潮位资料进行了对比,来作为潮汐的补充验证。潮汐表中潮位站的分布如图 5-4 所示。

模型潮位计算结果同潮汐表[5]的比较结果如图 5-7～图 5-16 所示。可以看出,潮位过程涨落时刻基本相符,振幅基本一致。

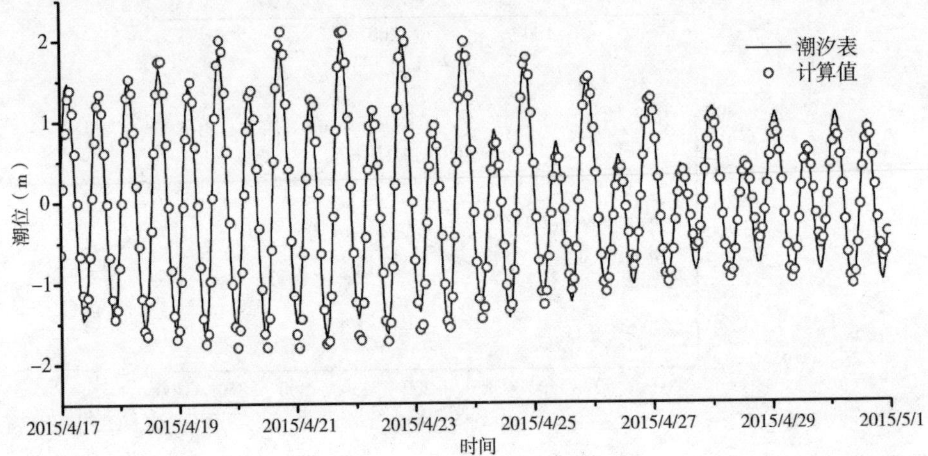

图 5-7　鲅鱼圈潮位验证

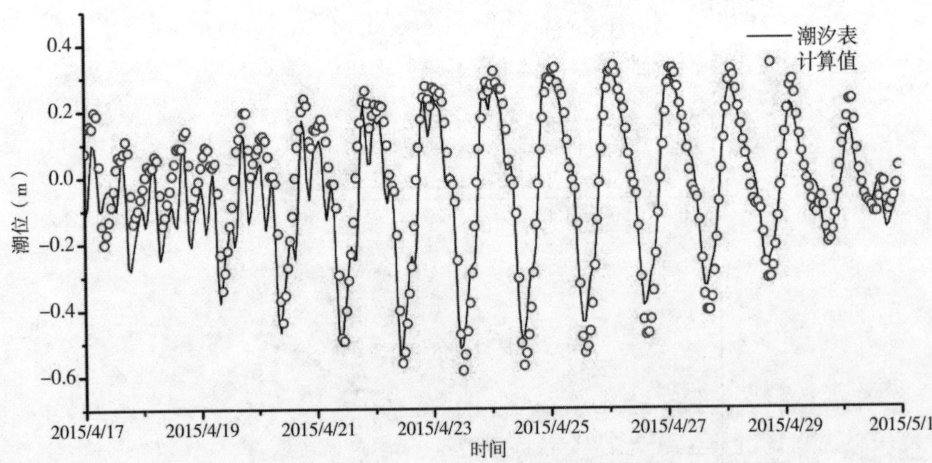

图 5-8　东营港潮位验证

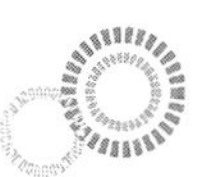

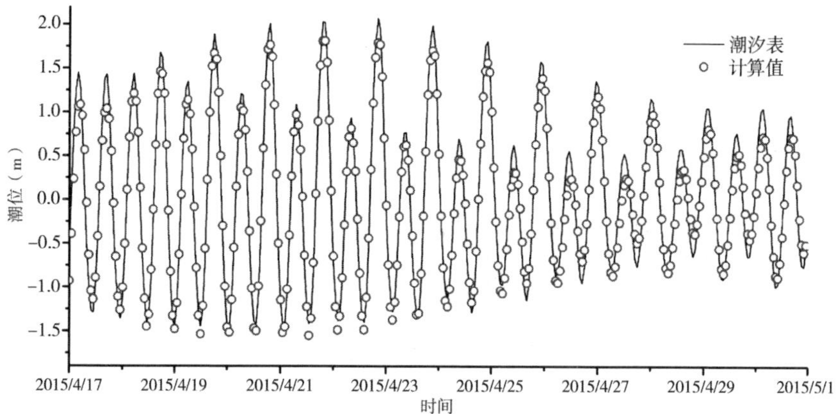

图 5-9 锦州笔架山潮位验证

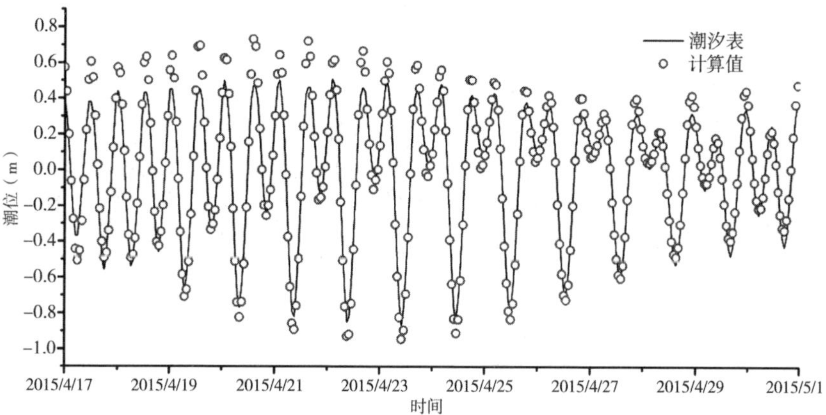

图 5-10 京唐港潮位验证

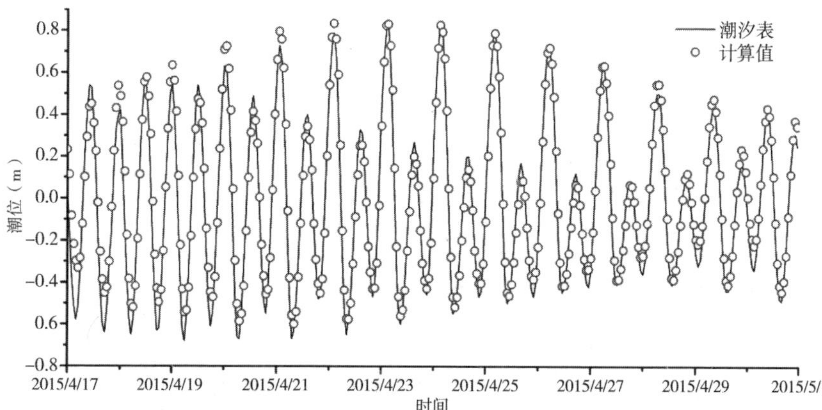

图 5-11 莱州港潮位验证

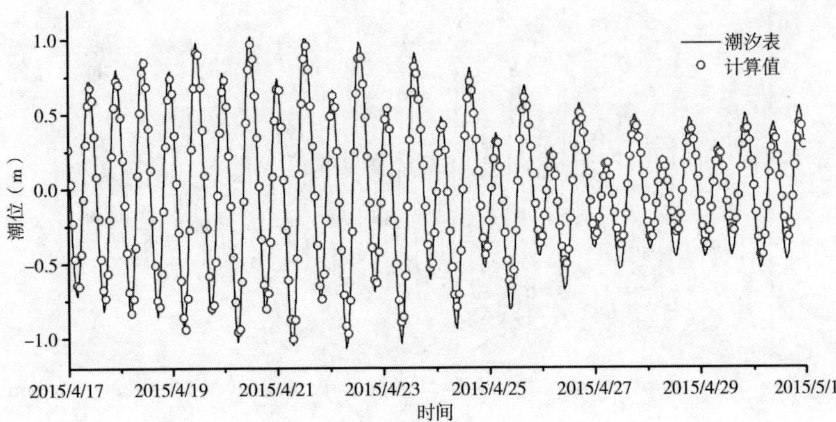

图 5-12 旅顺新港潮位验证

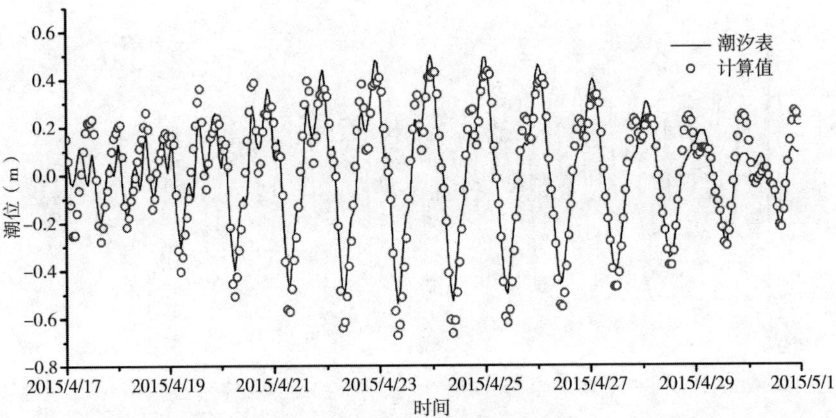

图 5-13 秦皇岛潮位验证

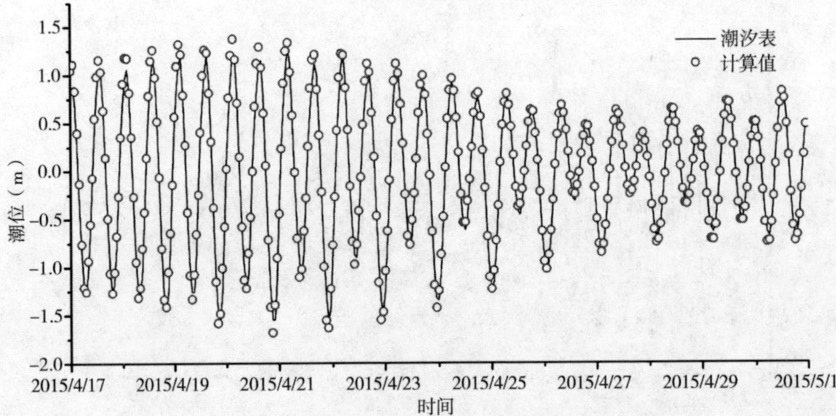

图 5-14 石岛港潮位验证

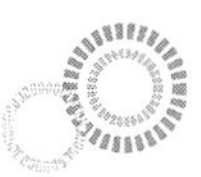

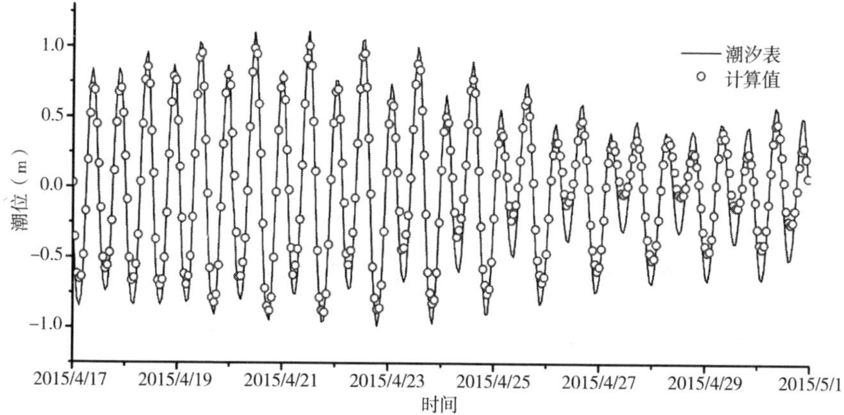

图 5-15　威海潮位验证

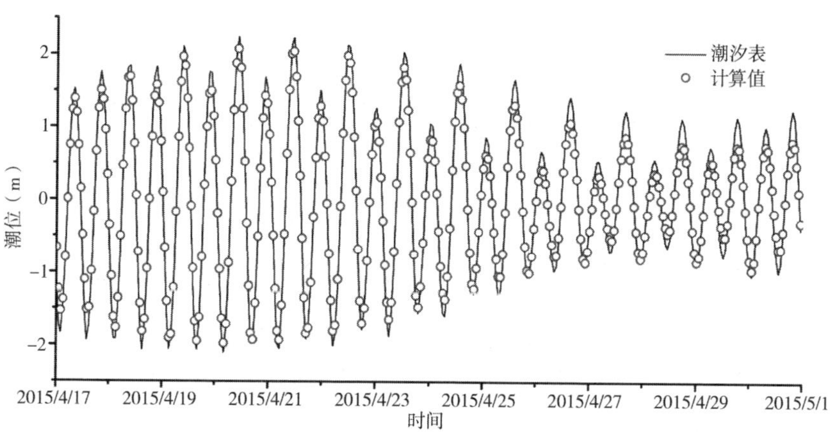

图 5-16　小长山岛潮位验证

5.3.2　潮流验证

由于潮流验证数据比较欠缺，本文使用四个不同测流站不同时段的海流资料来对模型的潮流计算结果进行验证。具体的做法是：在模型基本参数不变的情况下，改变开边界的潮位强迫，在潮汐验证合理的情况下继续对测流站的海流进行验证，将最靠近测流站的网格顶点的潮流结果作为测流站的模拟结果。验证的结果如图 5-17～图 5-20 所示。可以看出，模拟结果同实测海流基本吻合，转流时刻基本相同，流速的总体变化趋势一致。

用 FVCOM 模式计算了黄渤海的潮流场，并将计算结果与 37 号潮位站的实测调和常数、潮汐表中的潮位、测流站实测海流数据进行了对比，模拟值与观测值吻合良好。

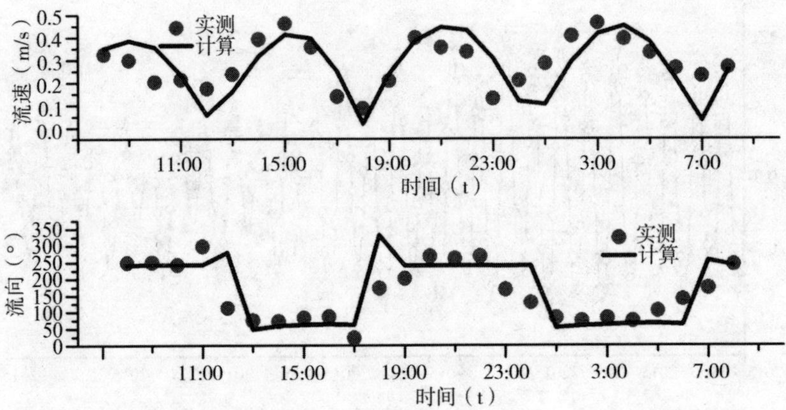

图 5-17　止锚湾潮流验证

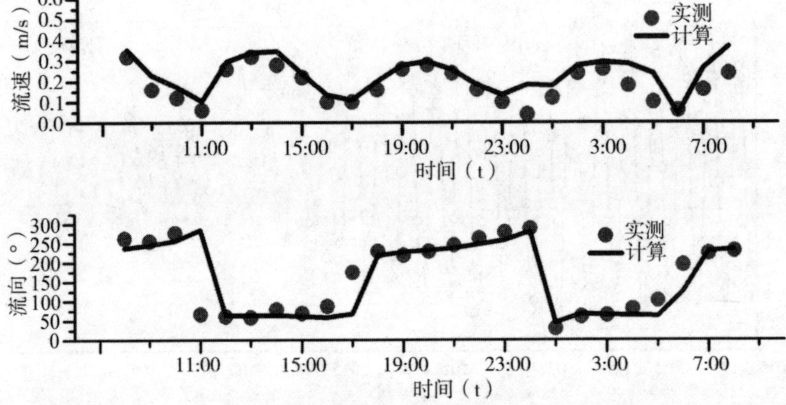

图 5-18　营口白沙湾潮流验证

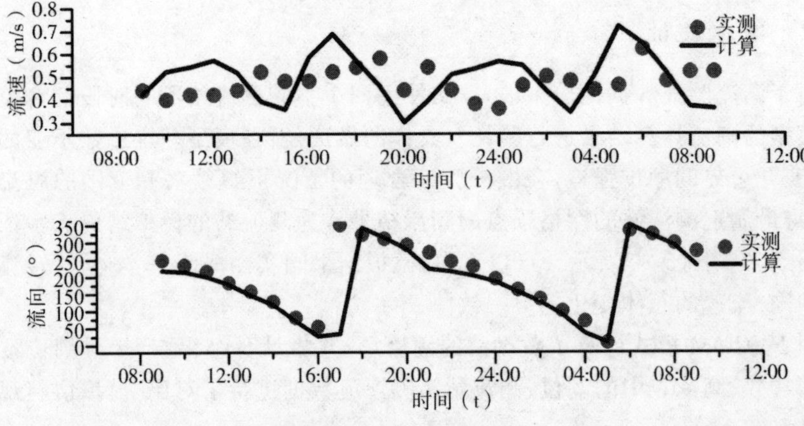

图 5-19　黑岛潮流验证

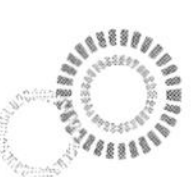

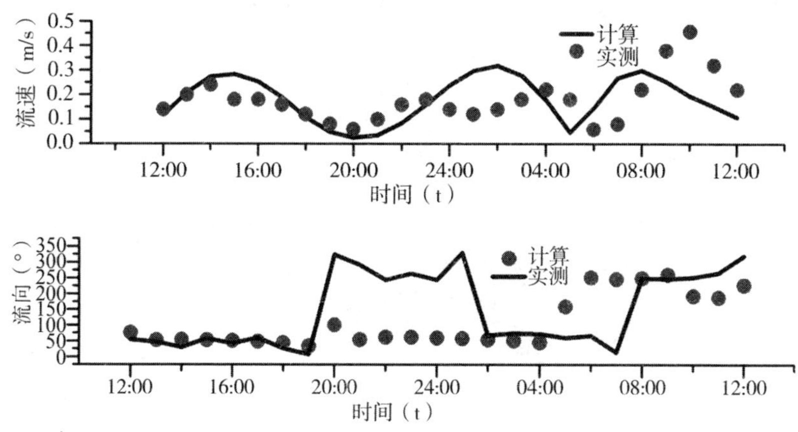

图 5-20　金石滩潮流验证

5.4　黄渤海潮波性质分析

对模拟的潮流场进行准调和分析，得到模拟区域各网格节点的调和常数，给出了模拟区域的潮汐潮流同潮图、潮汐潮流性质分布图、潮流椭圆图、潮致余流图。通过分析，得到了该区域无潮点和圆流点，并与前人的模拟结果进行对比，得到了比较可信的结果。

5.4.1　潮汐同潮图

模式计算结果经过准调和分析获得计算区域的 M_2、S_2、N_2、K_1、O_1 五个代表分潮的潮汐同潮图，见图 5-21～图 5-25。

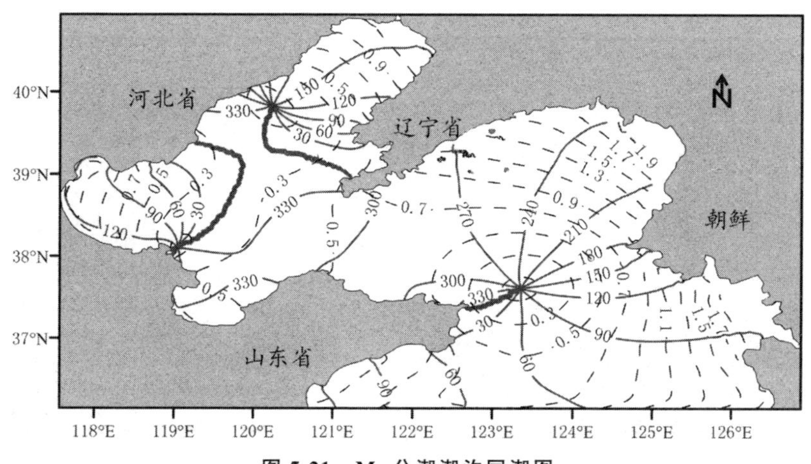

图 5-21　M_2 分潮潮汐同潮图

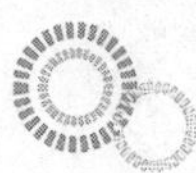

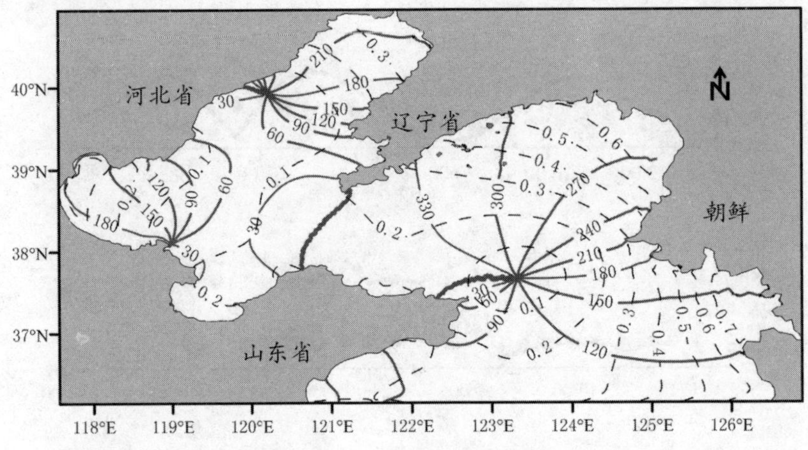

图 5-22　S_2 分潮潮汐同潮图

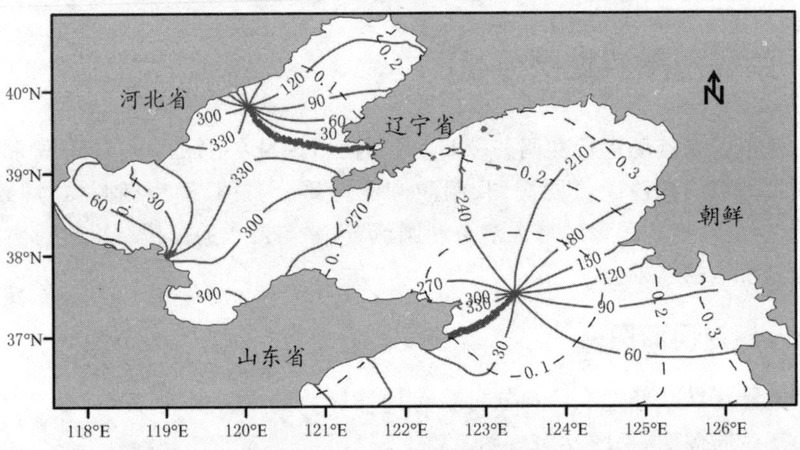

图 5-23　N_2 分潮潮汐同潮图

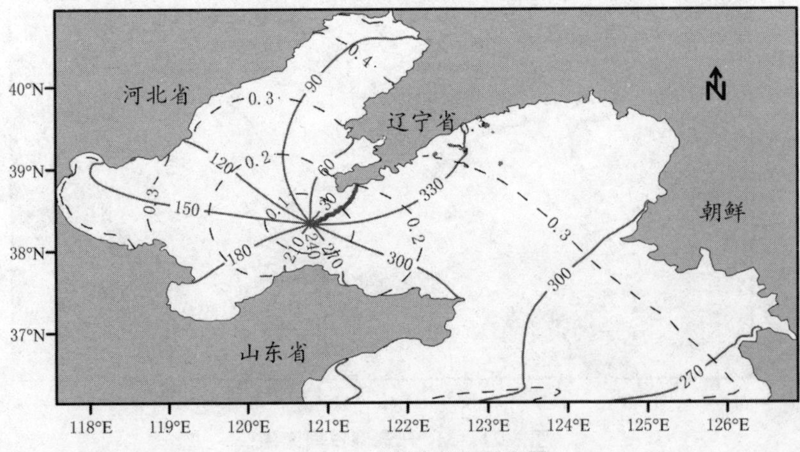

图 5-24　K_1 分潮潮汐同潮图

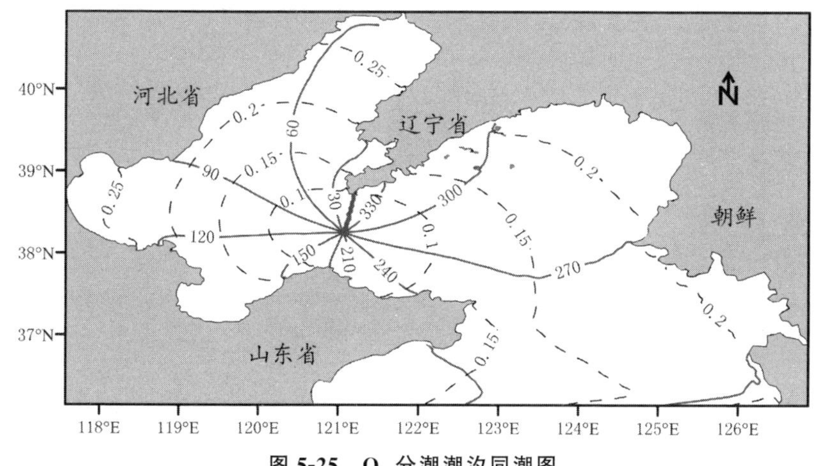

图 5-25　O_1 分潮潮汐同潮图

可以看出，来自太平洋的半日潮波进入黄海后向北传播，由于水深变浅，传播速度开始变慢，在地转偏向力、海岸线和海底地形的相互作用下，形成了整个计算区域的半日潮波系统。可以看出，M_2、S_2、N_2分潮在计算区域内形成了 3 个无潮点。其中 2 个比较明显的分别位于秦皇岛外海和威海附近海域，比较不明显的一个位于老黄河口位置，由于填海造陆等人类活动的影响，导致海岸线急剧变化，从而影响了潮流的运动，导致该无潮点已快退化到陆地上。通过跟朱学明[6]等的研究成果对比可以发现，M_2分潮的振幅和迟角的走向基本一致，S_2振幅的走向也基本一致，而 S_2的迟角走向跟朱学明等的研究成果相比，在黄海中部和辽东湾南部，有 10°左右的偏差。

全日分潮跟半日分潮相比，全日分潮的波长比较长，跟半日分潮在计算区域形成 3 个无潮点不同，全日分潮仅在计算区域内形成一个逆时针旋转的潮波系统。本文跟方国洪，张衡等的研究成果相比，O_1分潮的振幅、迟角大致吻合，而 K_1分潮的迟角存在 20°左右的偏差，可能是边界条件当中 K_1分潮的迟角偏小。

5.4.2　潮流同潮图

对潮流计算结果进行准调和分析得到计算区域五个主要分潮流的同潮图，见图 5-26～图 5-30。可以看出，M_2分潮潮流振幅最大的地方出现在朝鲜半岛西部、辽东湾、丹东附近海域，其中朝鲜半岛西部海域最大流速可达到 1.2m/s，辽东湾海域可达到 0.7m/s，丹东附近海域可达到 0.8m/s 以上，这和 M_2分潮潮汐最大振幅的分布是一致的。S_2、N_2、K_1、O_1分潮潮流振幅和 M_2分潮潮流振幅分布情况大体一致，只是量级比 M_2分潮要小，这就说明在计算区域内是以半日分潮流为主。同时，由分潮流同潮时线知道，该区域内有 4 个半日分潮流圆流点、3 个全日分潮流圆流点。

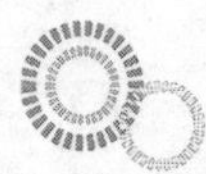

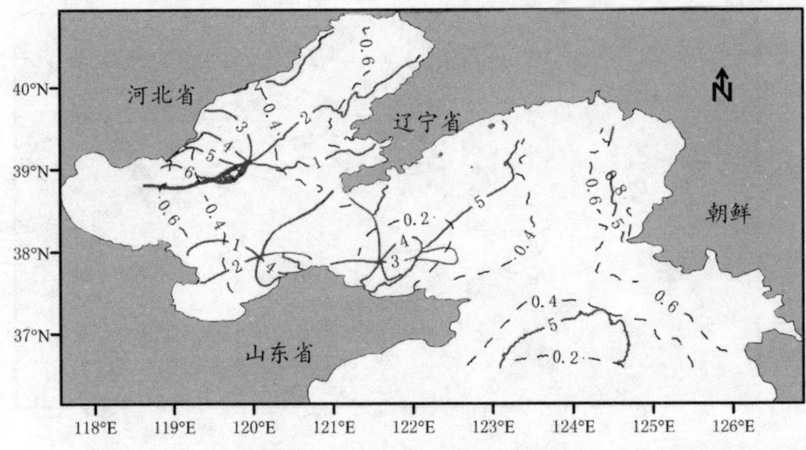

图 5-26 M_2 分潮潮流同潮图

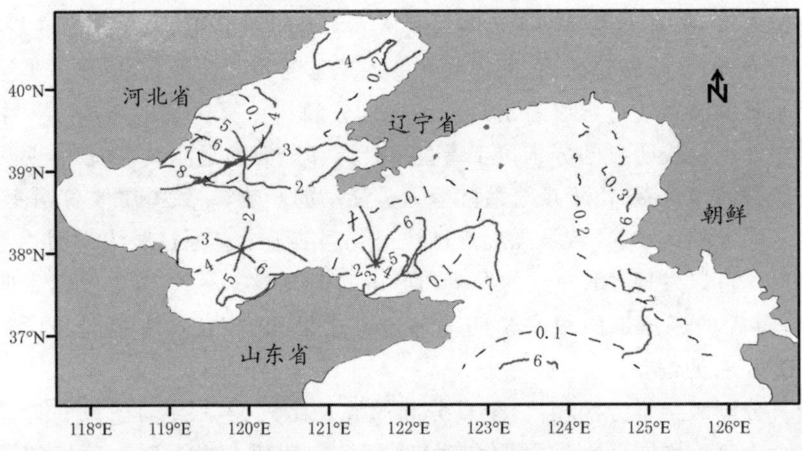

图 5-27 S_2 分潮潮流同潮图

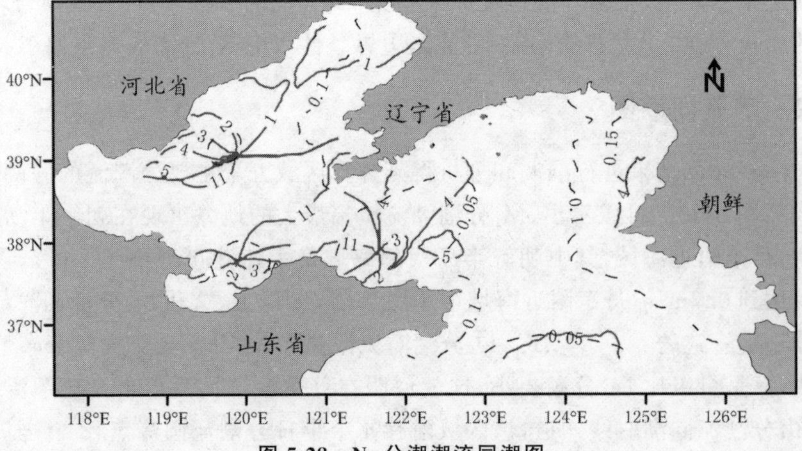

图 5-28 N_2 分潮潮流同潮图

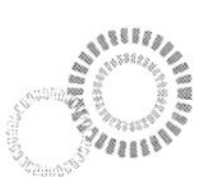

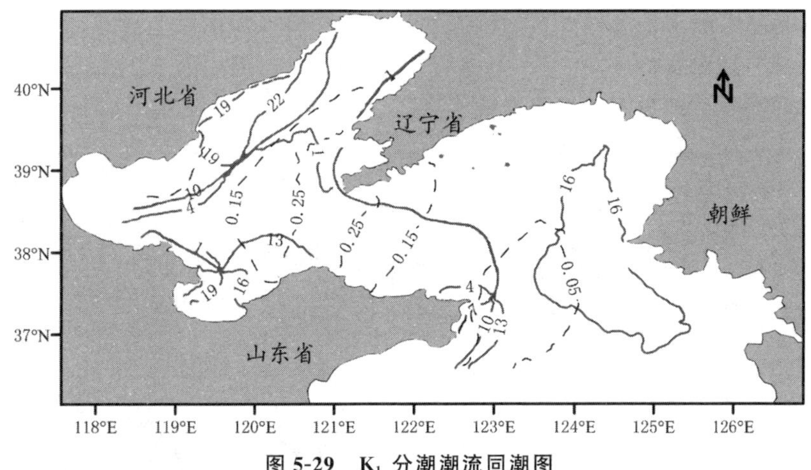

图 5-29　K_1 分潮潮流同潮图

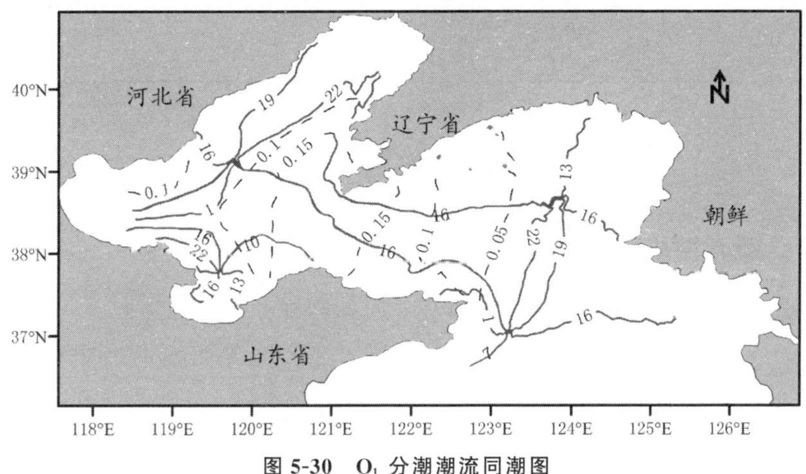

图 5-30　O_1 分潮潮流同潮图

5.4.3　潮汐性质分布

潮汐类型可用潮型数 A 来判定。具体判别方法如下：

潮型数$A=(H_{K1}+H_{O1})/H_{M2}$

$A\leqslant 0.5$　半日潮

$0.5<A\leqslant 2.0$　不规则半日潮

$2.0<A\leqslant 4.0$　不规则全日潮

$4.0<A$　全日潮

图 5-31 为计算区域潮汐类型图。计算结果表明，渤海大部分海域属于不正规半日潮，在渤海海峡以及烟台附近海域潮汐属于正规半日潮类型，而在秦皇岛近海的半日潮无潮点附近，有一小范围的正规全日潮区，周围由不正规全日潮包围；在黄河口外海的半日潮无潮点周围有小块不正规全日潮区；黄海北部海域，獐

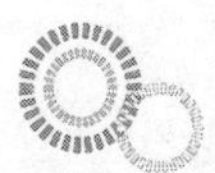

子岛以北的海域和青岛外海至朝鲜西部海域主要表现为正规半日潮，而在海州湾外的半日潮无潮点附近，有一小范围的正规全日潮区，周围由不正规全日潮包围，其他部分主要呈现为不正规半日潮。

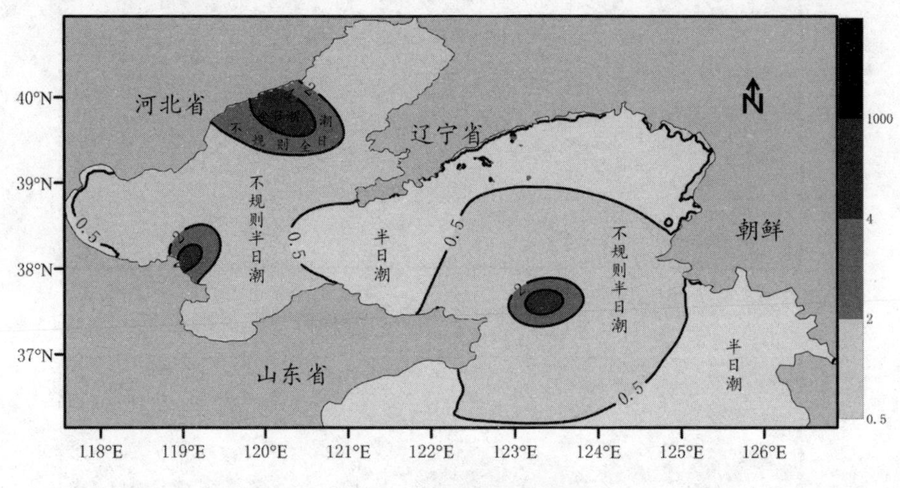

图 5-31 潮汐性质分布图

5.4.4 潮流性质分布

用潮流类型系数来判定潮流的性质。具体判别方法如下：

$$\frac{W_{K_1}+W_{O_1}}{W_{M_2}} \leqslant 0.5 \quad \text{规则半日潮流}$$

$$0.5 < \frac{W_{K_1}+W_{O_1}}{W_{M_2}} \leqslant 2.0 \quad \text{不规则半日潮流}$$

$$2.0 < \frac{W_{K_1}+W_{O_1}}{W_{M_2}} \leqslant 4.0 \quad \text{不规则全日潮流}$$

$$4.0 < \frac{W_{K_1}+W_{O_1}}{W_{M_2}} \quad \text{规则全日潮流}$$

图 5-32 为计算区域潮流类型分布图。计算结果表明，黄海大部分海区主要表现为规则半日潮流，渤海的辽东湾、莱州湾西部为正规半日潮流，渤海中部为不规则半日潮流，烟台附近海域情况比较特殊，是规则全日潮流和不规则全日潮流，表现出与潮汐性质分布不一样的特征。

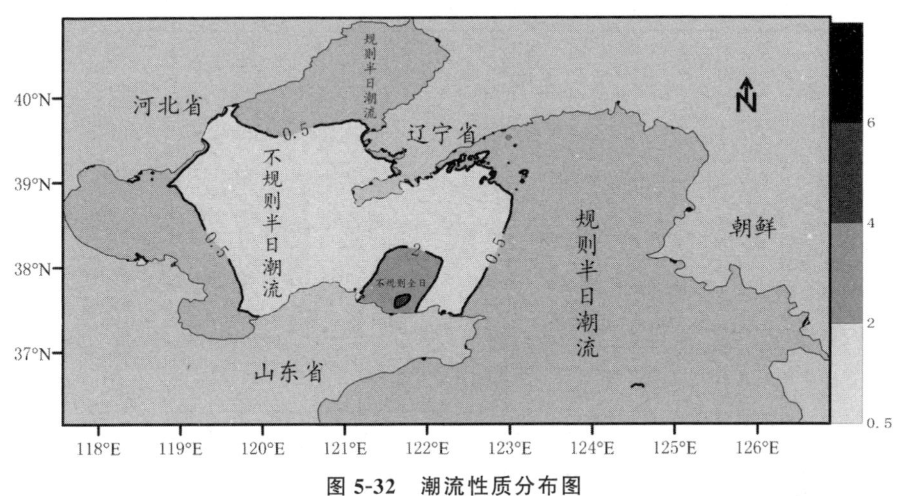

图 5-32　潮流性质分布图

5.4.5　潮流椭圆

从图 5-33～图 5-37 整体上看，由于近岸海区地形比较复杂，存在海峡、岛礁、水道等特殊地形，造成近岸海区潮流椭圆的椭圆率较大，椭圆长轴的方向大致跟岸线平行，潮流主要为往复流；而外海受到地形的影响相对较小，潮流椭圆的椭圆率相对较小，潮流主要表现为旋转流。

从各个分潮的潮流椭圆来看，M_2 分潮在计算海区的潮流运动占据优势，其中老铁山水道、朝鲜半岛西部海域的流速尤其大。其他四个分潮的潮流运动与 M_2 分潮相比处于劣势地位，S_2 分潮流量级约为 M_2 分潮流的一半。

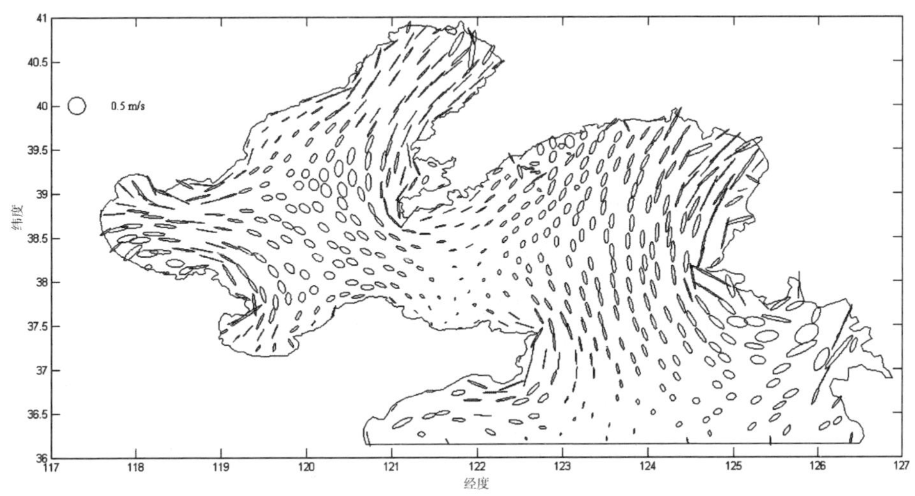

图 5-33　M_2 分潮潮流椭圆

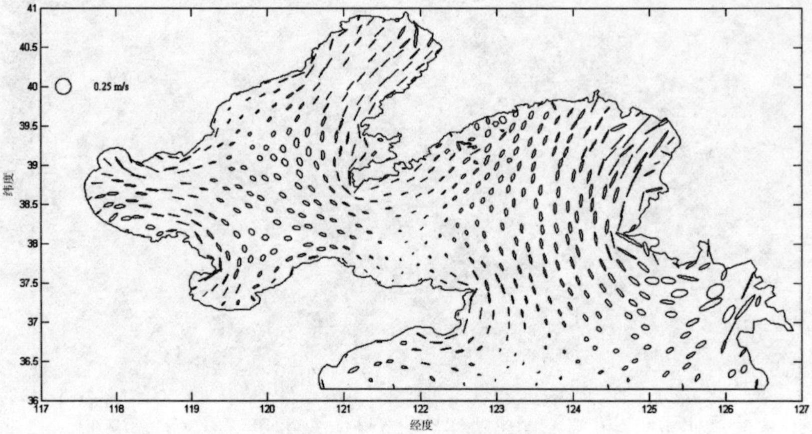

图 5-34　S_2 分潮潮流椭圆

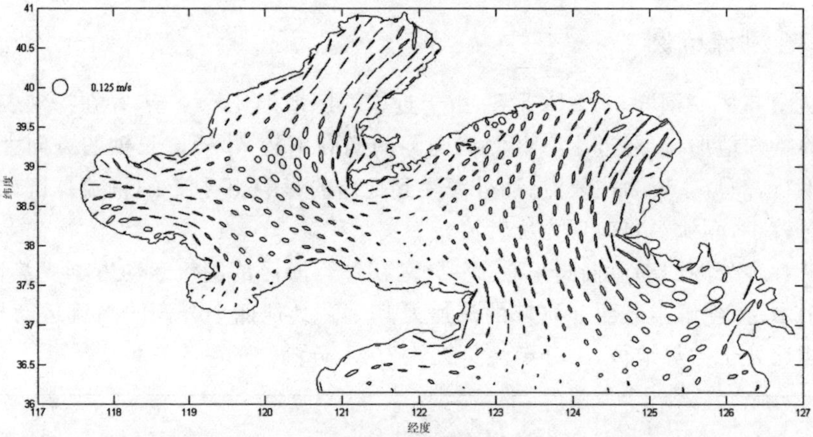

图 5-35　N_2 分潮潮流椭圆

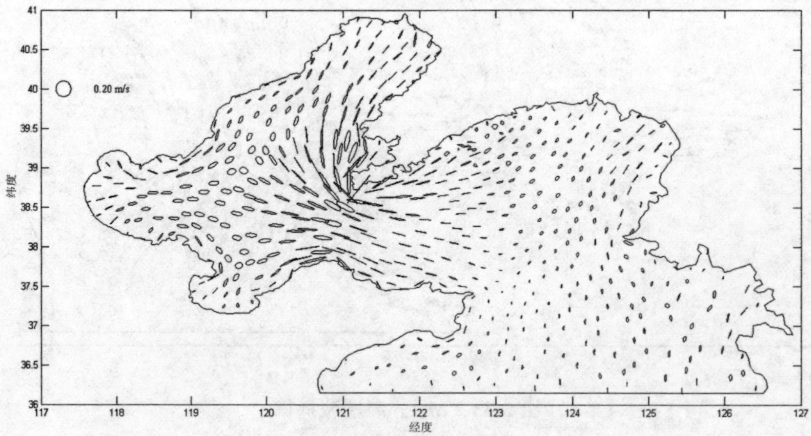

图 5-36　K_1 分潮潮流椭圆

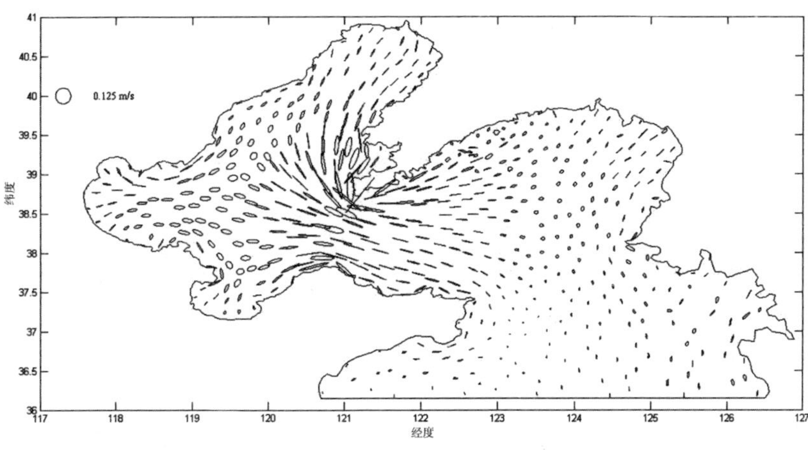

图 5-37　O_1 分潮潮流椭圆

5.4.6　潮流垂向分布

选取 A(121°05′E,39°55′N)、B(123°45′E,38°50′N)、C(122°55′E,38°45′N)点来分析潮流的垂向特征,其中 A、B、C 点的水深分别为 29.5m、66.2m、53.4m。这里选取 M_2 分潮流最大流速和椭圆率的垂向分布图来分析潮流的垂向分布特征,如图 5-38～图 5-40。从 M_2 分潮的最大流速垂向分布图中可以看出,流速从表层向底层逐渐减小,底层流速为 0,主要是受到海底摩擦力的作用。根据前人结论,中层流速最大,表层次之,底层最小。但总体来讲,趋势和前人的结论是一致的。从椭圆率分布图来看,椭圆率从表层向底层逐渐增大,也就是说,越接近底层,椭圆变得越圆,跟王凯[7]的结论一致。通过分析,其他分潮流垂向分布特征和 M_2 分潮是一致的。

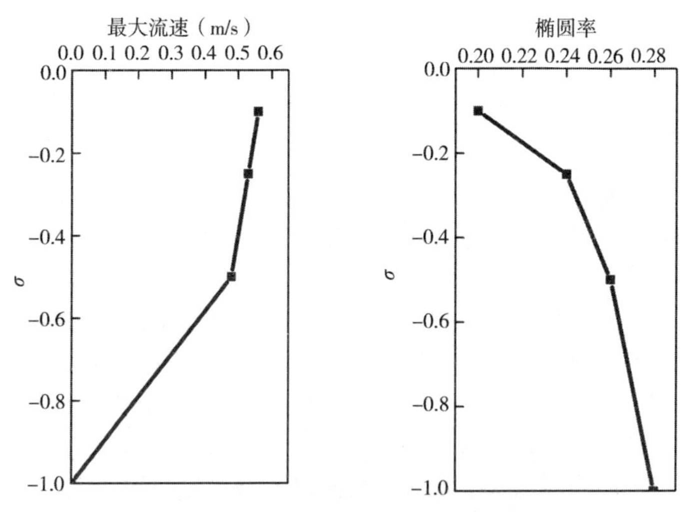

图 5-38　A 点 M_2 分潮最大流速和椭圆率垂向分布

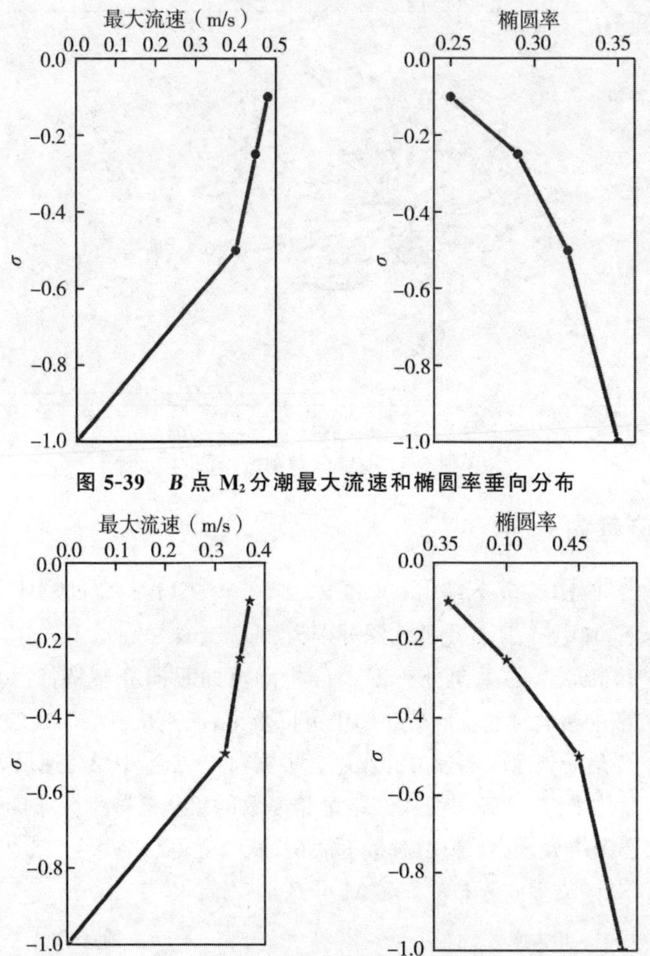

图 5-39　*B* 点 M_2 分潮最大流速和椭圆率垂向分布

图 5-40　*C* 点 M_2 分潮最大流速和椭圆率垂向分布

5.4.7　潮致余流

一般来说，在近岸和河口区域，水质点经过一个潮汐周期之后，并不会回到原先的起始位置上，这是由于常流和湍流以及潮汐本身的非线性现象引起的。常流就是指进行潮流调和分析时的余流部分，它是由于风、大气压力梯度、河流流入等原因产生的。其中，因摩擦、地形、边界形状种种原因使得潮流出现非线性现象所导致的余流就叫作潮汐余流。它可用欧拉方法或拉格朗日方法进行研究。欧拉余流是指对空间固定地点来说的，而拉格朗日余流等于欧拉余流加上斯托克斯漂流，它能给出一个流体元的余流。

本研究涉及的是潮致余流，没有考虑风和径流的非线性作用。图 5-41～图 5-43给出了表层、中层、底层的潮致欧拉余流场。整体上看，余流大小自表层向

底层方向逐次减小。外海开阔海域余流普遍很小，近岸和岛群等地形比较复杂的海域余流强度比较大，对物质的输运过程有很重要的影响。造成这种现象的原因是复杂地形会导致潮流的非线性作用比较强烈，而余流表征的是潮流的非线性成分，从而余流的形成跟地形的复杂程度有着很重要的关系。

从细节上看，余流比较强的海区主要集中在獐子岛附近岛群海域、辽东湾海域、老铁山口、天津附近海域、朝鲜半岛西部海域，这些海域的余流很强大，能达到20cm/s左右；而外海海区余流不强，只有2～3cm/s。中层和底层余流的分布和表层类似。

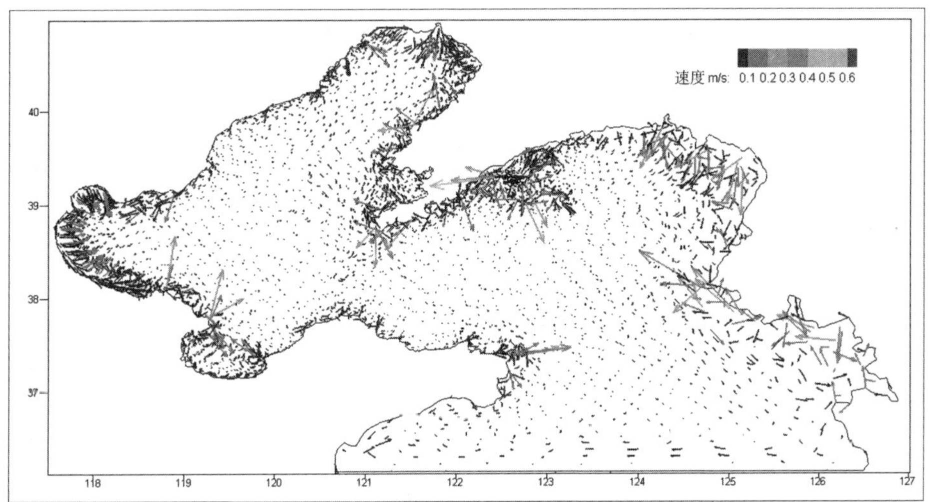

图 5-41　表层潮致欧拉余流场

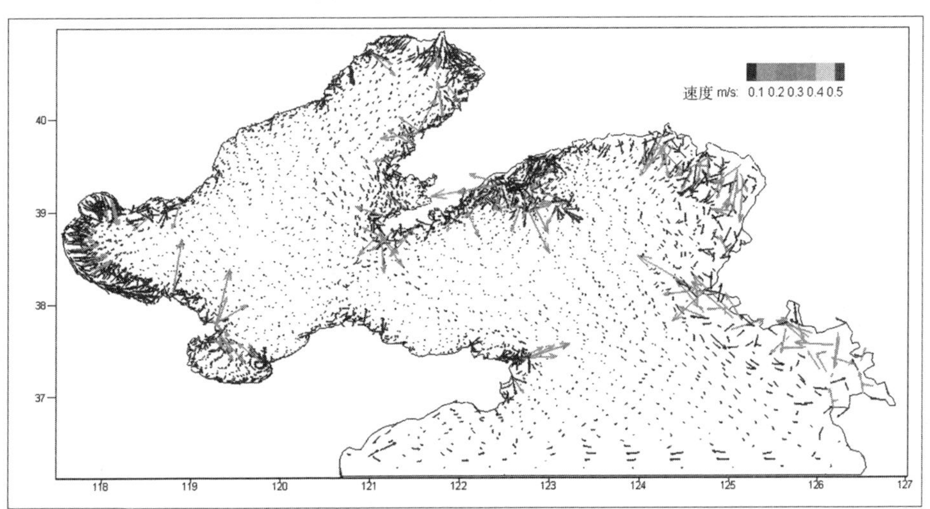

图 5-42　中层潮致欧拉余流场

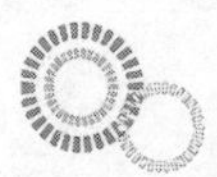

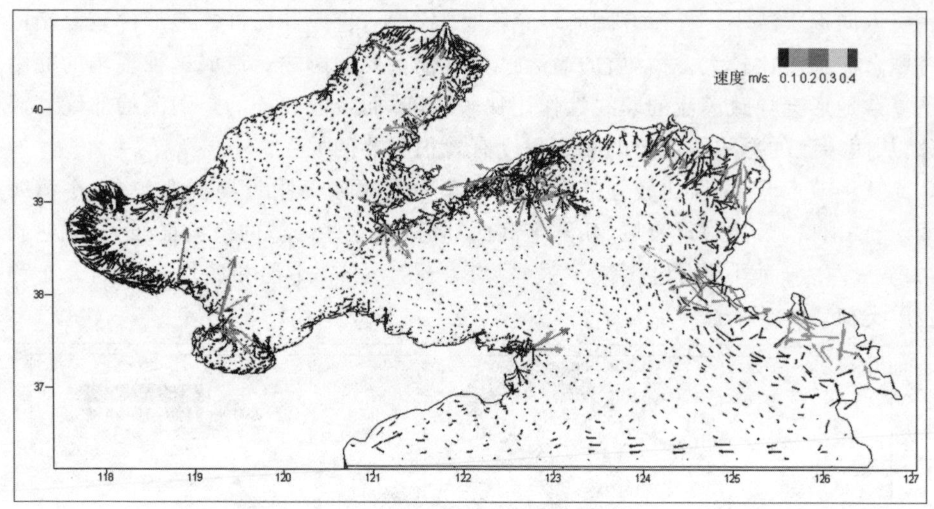

图 5-43 底层潮致欧拉余流场

5.4.8 无潮点

前人的研究成果已给出黄渤海区域无潮点的大致位置信息，因此将本文研究模拟出的无潮点的位置同前人研究成果进行对比，结果如表 5-2 所示。由于 M_2 和 S_2 的位置大体一致，K_1 和 O_1 的位置基本一致，因此，表中只给出了 M_2 和 K_1 无潮点的位置信息。可以看出，本文模拟出的无潮点的位置跟沈育疆、方国洪和朱学明等的研究成果中的位置基本一致。其中研究海域有 3 个半日分潮无潮点和 1 个全日分潮无潮点，半日分潮无潮点分别位于秦皇岛外海、海州湾外海和一个已经快退化的位于老黄河口的无潮点，全日分潮无潮点位于烟台附近海域。四个无潮点构成的潮波旋转系统均是逆时针方向旋转，这四个旋转潮波系统构成了研究海域的潮波系统。

表 5-2 无潮点位置同前人成果对比

分潮	海区	沈育疆	方国洪	朱学明等	本文
M_2	渤海	39°52′N	39°40′N	39°51′N	39°53′N
		120°15′E	120°10′E	119°52′E	120°03′E
		38°22′N	38°05′N	38°02′N	38°04′N
		119°20′E	119°00′E	118°57′E	119°01′E
	黄海	37°38′N	37°30′N	37°34′N	37°32′N
		123°15′E	123°05′E	123°08′E	123°14′E
K_1	渤海	38°05′N	38°10′N	38°10′N	38°10′N
		120°45′E	120°50′E	120°44′E	120°41′E

5.4.9　圆流点

圆流点是分潮流同潮时线的交汇点，它是潮流分布的一个重要特征，圆流点处的合成潮流恒为常值，不存在最大潮流发生时间，与无潮点不同，不能说圆流点的潮流振幅为零。Fang[8]、赵保文[9]、万振文[10]、李培良[11]等对中国海的圆流点已做过相关的研究，本文将模拟结果预测出来的圆流点位置同前人的研究结果做了比较，结果如表 5-3 所示。通过对比分析可以看出，本文预测出来的圆流点位置同前人的研究成果基本相符。位于滦河口外、莱州湾口和烟台威海外海的圆流点位置与已有的研究成果相当接近，而南黄海北部的圆流点本文只模拟出了一个圆流点，其原因是本文的潮波模型的开边界设置在北纬 36.15 度纬度线上，又在开边界设置了海绵层进行消波，造成开边界的潮流状况跟实际情况有所出入，而北黄海南部的圆流点正好位于本模型开边界附近，造成本模型的南黄海北部只模拟出了一个圆流点。

表 5-3　M_2 分潮圆流点位置同前人成果对比

圆流点位置	作者	圆流点经纬度	旋转方向
滦河口外	赵保仁等(1994)	约 39°05′N;120°00′E	逆时针
	李培良(2002)	约 39°14′N;119°51′E	逆时针
	朱学明(2009)	39°05′N;119°51′E	逆时针
	本文	约 39°05′N;119°51′E	逆时针
莱州湾口	赵保仁等(1994)	约 37°50′N;120°05′E	逆时针
	李培良(2002)	38°09′N;119°55′E	逆时针
	朱学明(2009)	37°55′N;119°48′E	逆时针
	本文	约 38°00′N;120°05′E	逆时针
烟台威海外海	赵保仁等(1994)	37°55′N;121°30′E	逆时针
		38°10′N;122°15′E	顺时针
	李培良(2002)	37°55′N;121°27′E	逆时针
		39°05′N;123°06′E	顺时针
	朱学明(2009)	37°56′N;121°42′E	逆时针
		37°42′N;122°50′E	顺时针
	本文	约 37°50′N;121°30′E	逆时针
		约 38°10′N;122°10′E	顺时针
南黄海北部	赵保仁等(1994)	约 36°30′N;122°50′E	逆时针
		约 36°35′N;124°45′E	顺时针
	李培良(2002)	36°16′N;123°04′E	逆时针
		36°27′N;124°27′E	顺时针
	朱学明(2009)	36°18′N;123°00′E	逆时针
		36°48′N;125°16′E	顺时针
	本文	约 36°15′N;122°50′E	逆时针

使用FVCOM海洋数值模式，在球坐标系下，使用可分辨的非结构网格、空间变化的底摩擦构建了黄渤海三维水力学数值模型，计算结果与实测结果吻合良好，能够比较真实地反映研究区域的水动力情况，可以为粒子追踪模型的构建提供水动力条件。

参考文献

[1] Chen CS, Beardsley RC, Cowles G. An unstructured grid, finite－volume coastal ocean model（FVCOM）system[J]. Special issue entitled "Advance in computational oceanography". Oceanography, 2006, 19:78-89.

[2] Smagorinsky J. General circulation experiments with primitive equations. Monthly Weather Review. 1963.

[3] George L, Mellor. Users Guide for a Three－Dimensional Primitive Equation Numerical Ocean Model. 2004.

[4] Pawlowicz, R., B. Beardsley, and S. Lentz, "Classical Tidal Harmonic Analysis Including Error Estimates in MATLAB using T_TIDE", Computers and Geosciences, 2002, 28:929-937.

[5] H101 潮汐表(黄渤海区). 海军航保部. 2015.

[6] 朱学明. 中国近海潮汐潮流的数值模拟与研究[D]. 青岛：中国海洋大学，2009.

[7] 王凯，方国洪，冯士筰. 渤海、黄海、东海M2潮汐潮流的三维数值模拟[J]. 海洋学报，1999，21(4)：1-13.

[8] Fang G., K. Yu and B. H Choi. A three－dimensional numerical model for tides in the Bohai, Yellow and East China Seas [C]. Proceedings of International Workshop on Tides in the East Asian Marginal Seas. Korean Society of Coastal and Ocean Engineers, 2000:41-52.

[9] 赵保仁等. 渤、黄、东海潮汐潮流的数值模拟[J]. 海洋学报，1994，16(5)：1-10.

[10] 万振文，乔方利，袁业立. 东海三维潮波运动数值模拟[J]. 海洋与湖沼，1998，29(6)：611-616.

[11] 李培良. 渤黄东海潮波同化数值模拟和超能扩散的研究[D]. 青岛：中国海洋大学，2002.

[12] MIKE 21 FLOW MODEL FM Hydrodynamic Module User Guide. DHI Water and Environment, Denmark. 2012.

[13] 常亚青，王庆志，宋坚，等. 黄海北部大连沿岸虾夷扇贝天然苗采集技术研究[J]. 海洋水产研究，2007，6：39-44.

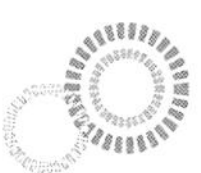

[14] 李文姬，薛真福，李华琳，等. 大连旅顺渤海侧沿海虾夷扇贝幼虫来源调查[J]. 水产科学，2008，27(11)：588-591.

[15] 李文姬，薛真福，李华琳，等. 虾夷扇贝海区采苗技术初步研究[J]. 水产科学，2007，26(5)：259-262.

[16] 石雪. 大连地区大风天气的统计分析及预报方法研究[D]. 兰州大学硕士学位论文，2014.